Bibliothek des Radio-Amateurs 9. Band
Herausgegeben von Dr. Eugen Nesper

Der
Neutrodyne-Empfänger

Von

Dr. Rosa Horsky

Mit 57 Textabbildungen

Springer-Verlag Berlin Heidelberg GmbH
1925

ISBN 978-3-662-42719-4   ISBN 978-3-662-42996-9 (eBook)
DOI 10.1007/978-3-662-42996-9
Alle Rechte, insbesondere das der Übersetzung
in fremde Sprachen, vorbehalten.

Zur Einführung
der Bibliothek des Radioamateurs.

Schon vor der Radioamateurbewegung hat es technische und sportliche Bestrebungen gegeben, die schnell in breite Volksschichten eindrangen; sie alle übertrifft heute bereits an Umfang und an Intensität die Beschäftigung mit der Radiotelephonie.
Die Gründe hierfür sind mannigfaltig. Andere technische Betätigungen erfordern nicht unerhebliche Voraussetzungen. Wer z. B. eine kleine Dampfmaschine selbst bauen will — was vor zwanzig Jahren eine Lieblingsbeschäftigung technisch begabter Schüler war — benötigt einerseits viele Werkzeuge und Einrichtungen, muß andererseits aber auch ein guter Mechaniker sein, um eine brauchbare Maschine zu erhalten. Auch der Bau von Funkeninduktoren oder Elektrisiermaschinen, gleichfalls eine Lieblingsbeschäftigung in früheren Jahrzehnten, erfordert manche Fabrikationseinrichtung und entsprechende Geschicklichkeit.

Die meisten dieser Schwierigkeiten entfallen bei der Beschäftigung mit einfachen Versuchen der Radiotelephonie. Schon mit manchem in jedem Haushalt vorhandenen Altgegenstand lassen sich ohne besondere Geschicklichkeit Empfangsresultate erzielen. Der Bau eines Kristalldetektorempfängers ist weder schwierig noch teuer, und bereits mit ihm erreicht man ein Ergebnis, das auf jeden Laien, der seine ersten radiotelephonischen Versuche unternimmt, gleichmäßig überwältigend wirkt: Fast frei von irdischen Entfernungen, ist er in der Lage, aus dem Raum heraus Energie in Form von Signalen, von Musik, Gesang usw. aufzunehmen.

Kaum einer, der so mit einfachen Hilfsmitteln angefangen hat, wird von der Beschäftigung mit der Radiotelephonie loskommen. Er wird versuchen, seine Kenntnisse und seine Apparatur zu verbessern, er wird immer bessere und hochwertigere Schaltungen ausprobieren, um immer vollkommener die aus dem Raum kommenden Wellen aufzunehmen und damit den Raum zu beherrschen.

Zur Einführung der Bibliothek des Radioamateurs.

Diese neuen Freunde der Technik, die „Radioamateure", haben in den meisten großzügig organisierten Ländern die Unterstützung weitvorausschauender Politiker und Staatsmänner gefunden unter dem Eindruck des universellen Gedankens, den das Wort „Radio" in allen Ländern auslöst. In anderen Ländern hat man den Radioamateur geduldet, in ganz wenigen ist er zunächst als staatsgefährlich bekämpft worden. Aber auch in diesen Ländern ist bereits abzusehen, daß er in seinen Arbeiten künftighin nicht beschränkt werden darf.

Wenn man auf der einen Seite dem Radioamateur das Recht seiner Existenz erteilt, so muß naturgemäß andererseits von ihm verlangt werden, daß er die staatliche Ordnung nicht gefährdet.

Der Radioamateur muß technisch und physikalisch die Materie beherrschen, muß also weitgehendst in das Verständnis von Theorie und Praxis eindringen.

Hier setzt nun neben der schon bestehenden und täglich neu aufschießenden, in ihrem Wert recht verschiedenen Buch- und Broschürenliteratur die „Bibliothek des Radioamateurs" ein. In knappen, zwanglosen und billigen Bändchen wird sie allmählich alle Spezialgebiete, die den Radioamateur angehen, von hervorragenden Fachleuten behandeln lassen. Die Koppelung der Bändchen untereinander ist extrem lose: jedes kann ohne die anderen bezogen werden, und jedes ist ohne die anderen verständlich.

Die Vorteile dieses Verfahrens liegen nach diesen Ausführungen klar zutage: Billigkeit und die Möglichkeit, die Bibliothek jederzeit auf dem Stande der Erkenntnis und Technik zu erhalten. In universeller gehaltenen Bändchen werden eingehend die theoretischen Fragen geklärt.

Kaum je zuvor haben Interessenten einen solchen Anteil an literarischen Dingen genommen, wie bei der Radioamateurbewegung. Alles, was über das Radioamateurwesen veröffentlicht wird, erfährt eine scharfe Kritik. Diese kann uns nur erwünscht sein, da wir lediglich das Bestreben haben, die Kenntnis der Radiodinge breiten Volksschichten zu vermitteln. Wir bitten daher um strenge Durchsicht und Mitteilung aller Fehler und Wünsche.

Dr. Eugen Nesper.

Vorwort.

Die großen Vorteile des „Neutrodyne-Empfängers", im wesentlichen in der großen Störungsfreiheit gegenüber benachbarten Sendern, der leichten Möglichkeit, in der Nähe befindliche Empfänger nicht zu beeinflussen, und vor allem in dem ohne weiteres zu erzielenden reinen störungsfreien Empfang, sichern nach dem gegenwärtigen Stande der Technik dem Neutrodyne-Empfänger ein großes Anwendungsgebiet. Gerade die ständige Vermehrung der Rundfunksender und die auch in Amerika immer mehr anwachsende Verwendung von hochwertigen Empfängern, häufig in ein und demselben Gebäude, zwingen dazu, auf solche „Kunstschaltungen" überzugehen, welche alle elektrischen Vorteile des ungestörten und sauberen Empfanges gewährleisten. Dieses wird gerade in hervorragender Weise durch den Neutrodyne-Empfänger erzielt.

Die zu einem wesentlichen Teil die Theorie des Neutrodyneempfängers behandelnden Ausführungen von Frau Dr. Horsky sowie deren Beschreibung der Einzelteile, der Abgleichung und des Anschlusses des Neutrodyneempfängers an günstigste Antennenanordnungen werden in einem Nachtrag von Herrn O. Schöpflin ergänzt durch Anordnungs- und Schaltungsschemen der Praxis, Bohrlehren, Schaltplatten usw. von ausgeführten Neutrodyneempfängern.

Auf diese Weise ist eine wohl restlos mindestens den gegenwärtigen Stand der Technik des Neutrodyneempfängers wiedergebende Schilderung erreicht worden.

Die rastlos vorwärtsdrängende Radiotechnik zeitigt gerade auf dem Gebiet des Neutrodyneempfängers auch täglich noch Fortschritte. Autoren und Herausgeber wären den Einsendern von derartigen Anregungen und Neuerungen zu Dank verpflichtet.

Berlin, im April 1925.

Dr. Eugen Nesper.

Inhaltsverzeichnis.

                                                                                            Seite

   I. Der Weg zum Neutrodyneempfänger 1
  II. Prinzipielle Schaltung des Neutrodyneempfängers 3
 III. Einzelteile des Neutrodyneempfängers 7
 IV. Konstruktiver Aufbau eines Neutrodyneempfängers 13
   V. Abgleichung des Neutrodyneempfängers 15
 VI. Der Empfang mittels des Neutrodyneempfängers 16
VII. Für den Neutrodyneempfänger verwendbare Antennenformen 17
VIII. Adaptierung des Neutrodyneempfängers für europäische Empfangsverhältnisse 18

Nachtrag.

Praktische Ausführungen von Neutrodyneempfängern 19
Der Neutrodyne-Reflexempfänger 25
Der Dreiröhren-Neutrodyneempfänger 27
Der Vierröhren-Neutrodyneempfänger 36
Literaturverzeichnis 43

Der Neutrodyneempfänger.

I. Der Weg zum Neutrodyneempfänger.

Soweit Fachleute leitend in die Radio-Amateurbewegung eingreifen konnten, waren sie darauf bedacht, systematisch in den Empfängerbau einzuführen. An erster Stelle stand da der Bau von Kristall-Detektor-Empfängern, mit dem leider, gerade weil er so einfach ist, viel Mißbrauch getrieben wird. Ein präzise gearbeiteter Kristall-Detektor-Empfänger mit induktiver Detektorkopplung und einem gut konstruierten Detektor, dessen Behandlung keine Geduldprobe ist, wird so reinen und verzerrungsfreien Empfang liefern, daß er im Bezug auf Empfangsgüte neben ganz sorgfältig abgeglichenen Röhrenempfängern zu rangieren kommt, hierbei aber den nicht zu übersehenden Vorteil hat, ohne irgendeine Energiequelle zu arbeiten.

Der nächste Schritt, den der Amateur gehen wird, führt ihn zum Problem der Verstärkung, sei es, daß er zu weit vom Sender installiert ist, als daß ihm der Kristall-Detektor-Empfänger genügend lauten Empfang vermitteln könnte, sei es, daß er nicht mit Kopfhörer sondern mit Lautsprecher aufnehmen will. Kurz er wird die Elektronenröhre in ihrer ursprünglichen Anwendungsform als Niederfrequenz-Verstärkerröhre studieren und wird zur Konstruktion eines Ein- oder Zweifach-Niederfrequenzverstärkers gelangen.

Reichen auch die hierdurch erzielten Lautstärken nicht aus, so wird er seinen Kristall-Detektor-Empfänger umwandeln in einen Röhrenempfänger und wird da nicht bei der einfachen Audion- oder Gleichrichterschaltung der Röhre stehen bleiben, sondern zwecks größtmöglichster Ausnützung der Röhre eine mit Rückkopplung funktionierende Schaltung verwenden. Er ist also bereits an einem Punkt gelandet, auf dem er zwecks Erzielung eines reinen und unverzerrten Empfanges, die Vorgänge in seinem Empfänger genau kennen muß: er muß imstande sein, durch Einstellung der Rückkopplung, durch Einstellung der Fadenheizung den Empfänger am Oszillieren zu verhindern. Gelingt ihm dies nach einiger Zeit auch, so wird der Empfänger doch während der Einstellung seine Eigenwelle ausstrahlen und sich allen umgebenden Empfangsapparaturen als kleiner Sender unliebsam bemerkbar machen.

Noch größere Schwierigkeiten werden aber auftreten, wenn der Amateur auf Empfang ferner Stationen übergeht und eine Apparatur haben muß, welche die kleine Energie, die er dann mittels seiner Antenne aufnimmt, erst hochschaukelt und sodann mehrfach verstärkt seiner Detektorröhre in einer Intensität zuführt, die einer von einem lokalen Sender aufgenommenen Energie entspricht. Es werden sogenannte Hochfrequenzverstärker verwendet in ihren verschiedenen Bauarten, Hochfrequenzverstärker, ausgestattet mit Widerstandskopplung vom Anoden- zum Gitterkreis, mit Resonanzdrosselkopplung, mit Sperrkreiskopplung, endlich mit Hochfrequenz-Transformatorenkopplung. Alle diese Verstärker aber haben eine mehr oder weniger starke Schwingungstendenz, sie erzeugen selbst lokale Schwingungen, auch ohne daß eine äußere elektromagnetische oder kapazitive Rückkopplung vorhanden ist, sie schwingen vielmehr vermittels der der Röhre selbst anhaftenden Kapazität, welche zwischen dem Gitter und der Anode der Röhre besteht.

Zur Schwingungsunterdrückung können eine Reihe von Mitteln angewendet werden. Das primitivste Mittel ist, die Heizung der Röhre zu verringern. Besser gelöst ist das Problem durch Einführung eines Ohmschen Widerstandes in den Anodenkreis, der eventuell gleich als Kopplungsglied benutzt werden kann, eine andere Ausführungsform ist darin gegeben, daß der Widerstand mit der Resonanzdrossel sozusagen kombiniert wird, indem dieselbe aus Widerstandsdraht hergestellt wird. Endlich kann der Ohmsche Widerstand mit dem Sperrkreis in Serie oder parallel zu demselben gelegt werden. Jedoch wird bei abgestimmtem Anodenkreis, dem Sperrkreis, sich die Eigenschwingung in der Resonanzlage kaum unterdrücken lassen und wird außerdem eine Verstimmung des Schwingungskreises notwendig sein. Ein letztes Auskunftsmittel besteht schließlich noch in der Regulierung der Gittervorspannung der Röhre mittels eines Potentiometers. Bei allen diesen Methoden aber gelingt die Schwingungsunterdrückung nur auf Kosten der Leistungsfähigkeit der Apparatur.

Will man also einen mit größtem Wirkungsgrad funktionierenden Hochfrequenzverstärker bauen, so muß eine Schaltung gefunden werden, welche gestattet in Resonanzlage, bei richtiger Heizung und günstigster Gittervorspannung zu arbeiten, ohne daß der Verstärker oszilliert und dadurch sowohl den eigenen Empfang verdirbt als auch die benachbarten Empfänger stört. Eine Schaltung, die diesen Anforderungen genügt, hat L. A. Hazeltine, Professor des Electrical Engineering am Stevens Institute of Technology, Hoboken, N. Y., publiziert, die aber außerdem noch durch leichte Bedienbarkeit und große Abstimmschärfe bzw. Störfreiheit ausgezeichnet ist. Unter dem Namen Neutrodyneempfänger in die Praxis eingeführt, scheint sie gegenwärtig die letzte Stufe der amerikanischen Radioentwicklung zu bilden.

II. Prinzipielle Schaltung des Neutrodyneempfängers.

In Abb. 1 ist die Schaltung eines Dreiröhren-Empfängers dargestellt, eine Schaltung ohne irgendwelche Feinheiten, welche

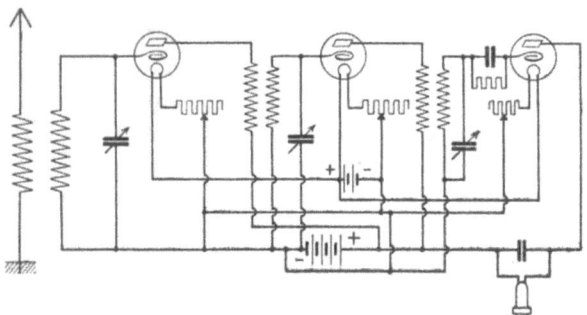

Abb. 1. Hochfrequenzverstärker-Empfänger vor seiner Neutralisierung.

die beiden ersten Röhren als Hochfrequenz-Verstärker-, die letzte Röhre als Audionröhre arbeiten läßt. In bekannter Weise wird die Kopplung von Röhre zu Röhre durch Hochfrequenztransformatoren gebildet, wobei zweckmäßig die sekundären Wicklungen auf die gewünschten Wellen abgestimmt werden. Die Antenne selbst hat keine Abstimmvorrichtung, sondern arbeitet aperiodisch, um einen vierten Handgriff zu vermeiden. Diese Schaltung ist, so gute Resultate sie für Überlagerungsempfang von Telegraphiestationen ergeben würde, unbrauchbar für den Empfang von Telephoniesendungen, soferne man nicht zu Mitteln der Schwingungsunterdrückung greift, wie sie im vorigen Kapitel angegeben wurden.

Die innere Röhrenkapazität der ersten Röhre bildet einen Rückweg für die im Anodenkreis erzeugten Spannungsschwankungen und zwar derart, daß sich dieselben rückgeführt den dem Gitter von der Antenne aus aufgedrückten Spannungsschwankungen addieren. Der gleiche Vorgang spielt sich in der zweiten Röhre ab, so daß das ganze System kräftig oszilliert. Professor Hazeltine geht nun derart vor, daß er neben der ungewollten Röhrenrückkopplung eine zweite Rückkopplung pro Röhre einführt, die aber die Anodenspannungs-Schwankungen zeitlich verschoben gegenüber den durch die erste Rückkopplung rückgeleiteten Schwankungen auf das Gitter auftreffen läßt. Die beiden Impulse können sich sogar aufheben, wenn sie nur so rückgeführt werden, daß in dem Moment, in welchem der erste Impuls seinen größten positiven Wert besitzt, der zweite Impuls seinen größten negativen Wert hat. In der Terminologie der Wechselstromtechnik ausgedrückt, müssen die beiden Rückkopplungen um 180 Grade phasenverschobene Gitterspannungen liefern. Da nun bekanntlich in einem Luftkerntransformator die Spannungen an der primären und der sekundären Wicklung um 180 Grade phasenverschoben sind, haben wir nur von der Sekundärseite des Anoden-Hochfreqeuenz-Transformators einen Rückweg zum Gitter zu schaffen. Derselbe muß ebenfalls über einen Kondensator führen, dessen Kapazitätswert gleich sein muß, der Gitteranodenkapazität der Röhre.

Fügen wir also diesen Neutralisierungskondensator, auch „Neutrodon" genannt, hinzu, so erhalten wir die Schaltung des Neutrodyneempfängers. Aus dem Vorgang, daß sich zwei rückgekoppelte Gittererregungen kompensieren, neutralisieren, erhellt der Name der Apparatur.

In Abb. 2 ist die Schaltung des Hochfrequenzverstärkers nach seiner Komplettierung dargestellt, die also in die Schaltung des Neutrodyneempfängers übergegangen ist.

Prinzipielle Schaltung des Neutrodyneempfängers. 5

Die neutralisierenden Kondensatoren sind an eine Abzapfung der sekundären Spule gelegt; die Transformation des Anodenkreises auf den Gitterkreis der nächsten Röhre ist ja zweckmäßig eine Auftransformation, andererseits aber soll die neutralisierende Kapazität gleiche Spannungsamplituden rückführen, wie die Röhrenkapazität, also wird das Übersetzungsverhältnis des einen Wicklungsteiles der Sekundären zur Primärwicklung 1:1 sein.

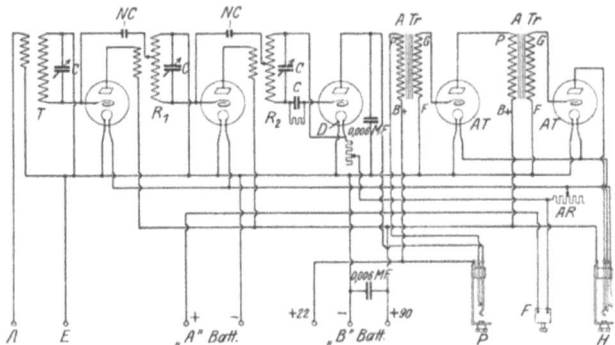

Abb. 2. Schaltungsschema des Fünfröhren-Neutrodyneempfängers.

Genügt der Empfang mit Kopfhörer, so wird das Telephon in die für Telephonanschluß vorgesehene Klinke gesteckt. Soll ein Lautsprecher betrieben werden, so wird in bekannter Weise ein Ein- oder Zweifach-Niederfrequenzverstärker zugeschaltet, dessen prinzipielle Schaltung dem Schaltbild des Neutrodyneempfängers gleich angefügt ist. Man ersieht daraus, daß diese Zuschaltung keine Änderung für den Neutrodyneempfänger an sich bedeutet.

Nicht zur prinzipiellen Erklärung des Neutrodyneempfängers gehörig, aber als Höchstökonomieschaltung interessant ist Abb. 3 wiedergegeben, in welcher ein Vierröhren-Neutrodyneempfänger kombiniert mit Niederfrequenzverstärkung dargestellt ist. Die erste Hochfrequenz-Verstärkerröhre wirkt gleichzeitig auch als Niederfrequenzverstärkerröhre. Von der Detektorröhre wird, sobald die Telephonklinke nicht gesteckt ist, wohl aber die Lautsprecherklinke, Energie in die Primärseite des in dem Gitterkreis der ersten Röhre geschalteten Niederfrequenztransformators geführt. Gleichzeitig gehen von dem Anodenkreis der zweiten Röhre niederfrequente Impulse in den Eingangstransformator der vierten Röhre,

6　Prinzipielle Schaltung des Neutrodyneempfängers.

deren Heizstrom durch einen Schließkontakt der Lautsprecherklinke eingeschaltet wird. Die Kombination von Doppelverstärkung, auch Reflexschaltung genannt, mit der Neutrodyneschaltung ist eigentlich erst die höchste Stufe der gegenwärtigen Röhrenschalttechnik, soll aber trotz ihres tadellos praktischen Funktionierens, sie ist durchaus keine bloß laboratoriumsmäßige Schaltung, hier nicht weiter verfolgt werden, da die Reflexschaltungen auch erst in der letzten Zeit wieder aufgegriffen wurden und nicht als bekannt vorausgesetzt werden können.

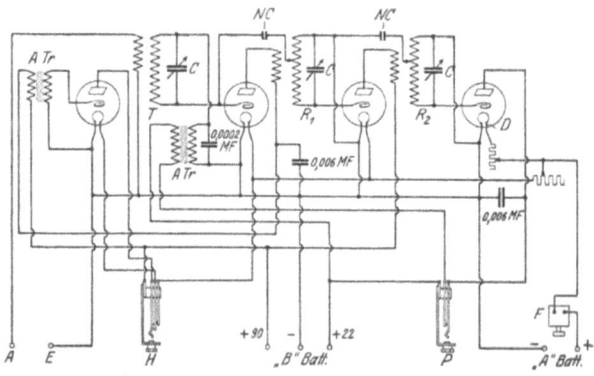

Abb. 3. Schaltungsschema des Vierröhren-Neutrodyneempfängers.

Schließlich sei noch auf eine weitere Komplettierung des Neutrodyneempfängers hingewiesen: man kann, ohne daß man Gefahr läuft, daß der Neutrodyneempfänger Energie ausstrahlt, den Anodenkreis der letzten Röhre mittels eines Variometers ebenfalls auf die eingestellte Welle abstimmen. Es wird dadurch die letzte Röhre zum Schwingaudion. Da aber die lokale Schwingung auf die letzte Röhre beschränkt bleibt und durch die beiden Doppelwege, Röhrenkapazität, Neutrodon, nicht auf die vorhergehende Röhre übergreifen kann, laufen wir höchstens Gefahr bei unrichtiger Einstellung Verzerrungen durch die dritte Röhre hervorzurufen, wir wirken aber keinesfalls störend auf die benachbarten Empfänger. Das Variometer ist in Abb. 2 zwischen die Anode der Röhre und die Telephonklinke zu setzen.

III. Einzelteile des Neutrodyneempfängers.

Aus dem prinzipiellen Schaltschema des Neutrodyneempfängers ist zu ersehen, daß zwei neuartige Apparatelemente für den Zusammenbau der Apparatur nowendig sind, einerseits der neutralisierende Kondensator, andererseits Hochfrequenztransformatoren mit einer Wicklungsanzapfung, welche zweckmäßig gleich mit dem Abstimmkondensator ihrer sekundären Wicklung kombiniert werden.

Die neutralisierenden Kondensatoren, auch Neutrodons genannt, sind Kondensatoren sehr kleiner Kapazität, ungefähr 1 bis 10 cm, die außerdem variabel sein sollen, da sie jeweilig der zugehörigen Röhre angepaßt werden müssen.

Die solideste Ausführung zeigt Abb. 4.

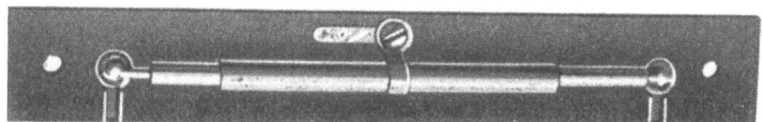

Abb. 4. Neutrodon.

Auf einer Hartgummiplatte ist ein 5 cm langes Messingrohr von 10 mm Außendurchmesser und 1 mm Wandstärke montiert, das die äußere Kondensatorbelegung bildet und mit einer Anschlußklemme versehen ist; ein 8 cm langes Glasrohr, das zügig in das Messingrohr paßt und ebenfalls 1 mm Wandstärke besitzt, bildet das Dielektrikum. In dieses eingeführt sind zwei je 5 cm lange Messingstifte, die inneren Kondensatorbelegungen, die ihrerseits wieder zügig in die Glasröhre passen müssen. Im ganzen sind also drei Kapazitätsstufen vorhanden: Erster Stift gegen Rohr, zweiter Stift gegen Rohr, die beiden Stifte gegeneinander. Die drei Stufen können durch Verschieben der metallischen Teilen gegeneinander kontinuierlich geändert werden.

Eine zweite Ausführungsform zeigt Abb. 5, A. Zwei Messingwinkel sind auf einer Grundplatte aus Isoliermaterial aufgesetzt. Die beiden Kondensatorbelege werden von den zwei einander gegenüberstehenden Schraubenköpfen gebildet. Abb. 5, B nützt die Kapazität zweier miteinander verdrillter Schaltdrähte aus. Je stärker sie verdrillt sind, um so größer ist die Kapazität. Es kommen natürlich nur wirklich gut isolierte Drähte in Betracht,

Einzelteile des Neutrodyneempfängers.

da ansonsten die Gefahr eines Kontaktes der beiden Kupferadern sehr groß ist. Schließlich kann der Neutralisierungskondensator auch gleich mit dem variablen Gitterkreiskondensator verbunden

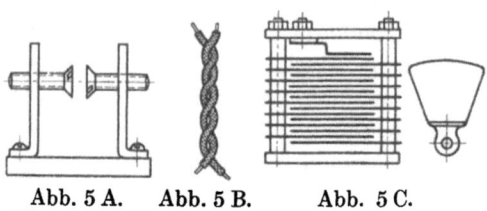

Abb. 5 A. Abb. 5 B. Abb. 5 C.
Weitere Ausführungsformen von Neutrodons.

werden, sofern dessen fixe Platten mit dem Gitter der Röhre verbunden sind und eine kleine bewegliche Platte isoliert auf dieselben aufgesetzt wird. Diese Ausführungsform ist in Abb. 5, C, dargestellt.

Für die Hochfrequenztransformatoren wird eine leicht herstellbare Konstruktion empfohlen. Am besten werden zylinder-

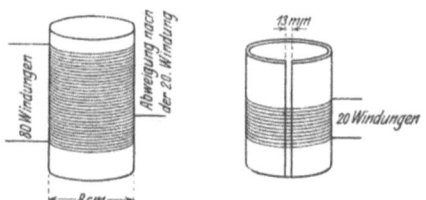

Abb. 6. Konstruktion der Neutroformerspulen.

förmige Spulenkörper gewählt, die übereinander geschoben werden können. Da man nicht leicht zwei knapp ineinander passende Zylinderröhren käuflich erhält, kann man wie in Abb. 6 gezeigt vorgehen.

Im ganzen hat man sechs Spulenkörper vorzubereiten, zwei für jeden kompletten Hochfrequenztransformator, und zwar verschafft man sich zunächst Pappe- oder Preßspanrohre von 2 mm Wandstärke, einen Außendurchmesser von 8 cm, desgleichen kann die Länge je 8 cm betragen. Sodann schneidet man aus drei Spulenkörpern je einen Längsstreifen von 13 mm Breite aus. Beim Bewickeln werden dieselben dann so zusammengezogen, daß

Einzelteile des Neutrodyneempfängers. 9

sie gerade in das Innere des ursprünglichen Spulenkörpers passen. Die innere Spule wird als Primärspule, die äußere als Sekundärspule verwendet. Die Anzahl der Windungen auf der sekundären Spule ist durch die einzustellende Wellenlänge bestimmt, da die Selbstinduktion dieser Wicklung zusammen mit dem variablen Kondensator und der Gitterglühfadenkapazität der Röhre eben diese Welle ergeben muß. Die Abzapfung ist, wie bereits erwähnt, so zu wählen, daß ein Wicklungsteil der Sekundären gleiche Windungszahl hat, wie die Primärspule. Ferner ist darauf zu achten, daß der Wicklungssinn der beiden übereinandergeschobenen Spulen derselbe ist und auch die Anschlüsse der übrigen Apparatteile genau an jene Spulenenden, wie im prinzipiellen Schaltungsschema angegeben, vorgenommen werden.

Unter Beachtung dieser Gesichtspunkte ergeben sich also für die Herstellung eines Wellenbereiches von 300 bis 900 m und unter Verwendung von Drehplattenkondensatoren von je 300 cm Kapazität folgende Wicklungsdaten: Die geschlitzte Spule erhält 20 Windungen Kupferdrahtes von 0,5 mm Durchmesser, der zweifache Baumwoll- oder Seidenumspinnung haben soll, außerdem ist ein schwaches Überziehen der bewickelten Spule mit Firnis vorteilhaft. Die äußere Spule wird mit derselben Drahtart bewickelt, im ganzen erhält sie 80 Windungen, nach den ersten 20 Win-

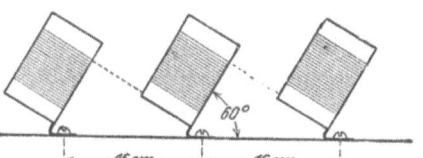

Abb. 7. Geometrische Anordnung der Neutroformerspulen.

dungen wird eine Abzapfung vorgesehen. Auch diese Spule soll mit isolierendem Firnis überzogen werden. Beim Übereinanderschieben der beiden Spulen ist darauf zu achten, daß die Primärwicklung genau unter den entsprechenden 20 Windungen der Sekundärspule zu liegen kommt.

Was die geometrische Anordnung der Spulen im Apparat selbst anlangt, sind die Spulen so anzuordnen, daß sie keine elektromagnetische Kopplungen ergeben. Die Skizze in Abb. 7 zeigt die entsprechende Anordnung. Die Spulen sind unter einem Winkel von 60 Grad gegen die Horizontale geneigt, die Distanz d der Spulen voneinander ist so groß, daß die Verlängerung der ersten

Windung einer Spule oberhalb der letzten Windung der vorhergehenden Spule verläuft. Bei den obig angegebenen Spulendimensionen ist $d = 16$ cm zu setzen.

Nebenbei sei gesagt, daß man auch für die Antennengitterkreiskopplung Spulen besprochener Ausführungsform benutzen kann. Entweder bleibt die Sekundäranzapfung frei, die primäre Windung liegt dann im Antennenkreis, die Sekundäre im Gitterkreis der ersten Röhre oder aber man verwendet die sekundäre

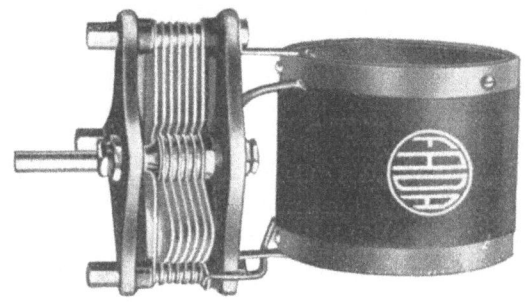

Abb. 8. Neutroformer.

Spule allein und schaltet in diesem Fall die Antenne an die Anzapfung, die Erde an jenes Spulenende, welches zum Glühfaden der ersten Röhre läuft.

Da die Sekundäre des Hochfrequenztransformators parallel an den variablen Kondensator gelegt werden muß, liegt der Gedanke nahe, zwecks möglichst kurzer Leitungsverlegung den Transformator mit dem Drehplattenkondensator zusammenzubauen, derart, daß die Grundplatte des Kondensators zugleich Montageplatte für den Hochfrequenztransformator ist. Ein derartiges Aggregat ist in Abb. 8 dargestellt und unter dem Namen Neutroformer in den Handel eingeführt.

Die übrigen Bestandteile des Neutrodyneempfängers, seine Röhrensockel, seine Heizwiderstände, Gitterkondensatoren usw. haben dieselben Forderungen zu erfüllen, die an die Bestandteile einer der gebräuchlichen Empfängertypen gestellt werden: erstklassiges Isolationsmaterial, festsitzende Kontaktzuführungen usw. sind für möglichst große Betriebssicherheit unerläßlich.

Einzelteile des Neutrodyneempfängers. 11

Faßt man alle Zubehörteile eines Fünfröhren-Neutrodyneempfängers nach Schaltschema Abb. 2 zusammen, so ergibt sich folgende Liste:
5 Röhren samt Sockel,
2 Heizwiderstände,
3 Neutroformer,
2 Neutrodons,
·2 Niederfrequenztransformatoren,
2 Blockkondensatoren 0,006 MF,
1 Blockkondensator 0,0003 MF,
1 Silitwiderstand (Gitterableitungswiderstand) 1 bis 4 Megohm,
1 Telephonanschlußklinke,
1 Lautsprecheranschlußklinke,
2 Anschlußklemmen für Antenne-Erde,
2 Anschlußklemmen für Heizakkumulator,
3 Anschlußklemmen für die Anodenbatterie,
1 Heizstromausschalter.

Betreffend der Röhren ist zu beachten, daß nicht alle Typen gleich günstig arbeiten. Am besten wirken die in Amerika geläufigen Röhren Type UV 200 und UV 201, sowie die Type UV 201 A. Während sich die Type UV 200 besonders als Detektorröhre eignet, ist die Type UV 201 als Verstärkerröhre zu empfehlen, dagegen funktioniert die Röhre UV 201 A in beiden Verwendungsarten gleich gut. Außerdem ist noch zu bemerken, daß zwar die Röhre UV 201 A auch mit 6 Volt Fadenspannung betrieben wird, wie die beiden anderen Typen, daß sie jedoch den Vorzug hat, nur 0,25 Ampere Heizstrom gegenüber 1 Ampere der beiden anderen Röhren zu benötigen.

In Deutschland entsprechen diesen Röhren die Valvo-Lautsprecherröhren der Firma C. H. Müller in Hamburg, die übrigens auch noch über eine gleichwertige Type Nr. 201 B verfügt, welche 4 Volt Fadenspannung und 0,3 Ampere Heizstrom braucht. Die Müller-Röhren sind, wie die angegebenen amerikanischen Röhren, durch einen sehr kleinen inneren Widerstand (6000 Ohm) ausgezeichnet, gestatten also eine richtige Angleichung an die Wicklung des Hochfrequenztransformators. Es sei hierzu an die Tatsache erinnert, daß der günstigste Wirkungsgrad einer Röhre dann erzielt wird, wenn der innere Widerstand der Röhre gleich ist dem im Anodenkreis liegenden Widerstand, d. h. dem äußeren Widerstand. Nun liegen aber im Anodenkreis der Röhren nur 20 Windungen der Primärspule des Neutroformers, welche Windungsanzahl einen kleinen Wechselstromwiderstand ergibt. Wenig geeignet für diesen Zweck sind daher die sonst beliebten Sparröhren, Dull-Emitter-Röhren, die durchwegs hohen inneren Widerstand haben.

Nach diesem kurzen Überblick bezüglich der passenden Röhren sollen die vorstehend angeführten Einzelelemente weiters Erwähnung finden, insofern sie nicht schon als überhaupt neue Apparatelemente Berücksichtigung gefunden haben.

Die beiden Heizwiderstände sind nicht gleich zu dimensionieren; der unmittelbar hinter dem Stromschalter liegende Widerstand führt den Strom von vier Röhren, derselbe muß also für eine Belastung von mindestens 1,2 Ampere gebaut sein, d. h. der Widerstandsdraht muß einen Durchmesser von mindestens 0,6 mm besitzen. Im übrigen ist dieser Widerstand mit 5 Ohm ausreichend bemessen, so daß ein zwecktunliches Anlassen der Röhren gewährleistet ist. Der zweite Widerstand, der die Heizung der Detektorröhre reguliert, entspricht den geläufigen Heizwiderständen von 8 Ohm, bewickelt mit 0,4 mm starkem Widerstandsdraht, Nickelin, Manganin usw.

Der erste der beiden Niederfrequenztransformatoren ist als Eingangstransformator am besten mit einem Übersetzungsverhältnis 1:6, etwa 5000 Windungen : 30000 Windungen, zu wählen, der zweite Niederfrequenztransformator, als Zwischentransformator mit einem Übersetzungsverhältnis 1:3, etwa 9000 Windungen : 27000 Windungen.

Die beiden Blockkondensatoren 0,006 MF liegen parallel zu den Anodenspannungen und darf daher hierfür nur erstklassiges Isolationsmaterial als Dielektrikum verwendet werden, desgleichen auch für den Gitterkondensator 0,0003 MF, der auch keine zu große Durchlässigkeit haben soll, da sonst eine etwaige Regulierung durch einen Gitterableitungswiderstand illusorisch würde.

Als Gitterableitungswiderstände sind am besten Silitwiderstände oder Widerstände aus einem gleichwertigen beständigen, nicht etwa hygroskopischen Material zu verwenden.

Die mittels Stöpsel abzusteckende Telephon- bzw. Lautsprecherklinke ist in der Radiokonstruktion noch wenig bekannt,

Konstruktiver Aufbau eines Neutrodyneempfängers. 13

wohl aber von Telephontechnikern für den Bau von Telephonzentralen usw. stark in Verwendung, also in allen Telephonfabriken sofort erhältlich.

Die diversen Anschlußklemmen sollen mit Isoliermaterial überkappt sein, um allfällige Kurzschlüsse bzw. Erdschlüsse, wie sie beim Berühren mit der Hand während der Bedienung des Apparates leicht geschehen können, zu vermeiden.

Der Heizstromausschalter ist ein gewöhnlicher einpoliger Schalter, der nur einen Stromweg zu unterbrechen hat.

Alle Einzelteile kompendiös in gefälliger Anordnung und dabei physikalisch einwandfrei in einem Apparat zu vereinen, ist die nächste Aufgabe.

IV. Konstruktiver Aufbau eines Neutrodyneempfängers.

Als beispielsweise Formgebung sei eine längliche, prismatische Kassette gewählt, von welcher Vorderfront und Grundplatte fix miteinander verbunden sind, die ihrerseits mit dem eigentlichen Apparatkasten, der aus einer Deckplatte, einer Rückwand und zwei Seitenwänden besteht, verschraubt werden können. Die

Abb. 9. Rückseite eines Fünfröhren-Neutrodyneempfängers.

Vorderfront aus Isolationsmaterial, etwa 6 mm starke Hartgummiplatten zusammen, mit der Grundplatte bilden die Montageplatten und sind in Abb. 9 von der Rückseite aus gesehen abgebildet. Es ist hieraus zu ersehen, daß eine planmäßige Anordnung der Einzelteile möglich ist, insbesondere sei auf die Leitungsverlegung aufmerksam gemacht. Parallele Leitungsverlegung ist nach Möglichkeit zu vermeiden, vielmehr sollen die Leitungen senkrecht aufeinander verlaufen, ferner sind

14 Konstruktiver Aufbau eines Neutrodyneempfängers.

sie weitestgehend zu distanzieren, daß heißt, eigentlich ist ein Kompromiß zwischen Leitungslänge und Distanz der Leitungen voneinander zu schließen. Daß nicht zu dünner und nicht flexibler Draht, halbharter Kupfer- oder Bronzedraht von 1 mm Durchmesser, für die Leitungsverlegung benutzt werden sollte, um keine ohmschen Verluste und keine Kapazitätsvariationen in den Apparat hereinzubringen, ist eine Forderung, die an jede andere Empfangsapparatur auch zu stellen ist.

Abb. 10 zeigt die Vorderansicht des Apparates. Als zu bedienende Handgriffe ergeben sich die der drei Gitterkreiskondensatoren, die entsprechend ihrer Bezeichnung der ersten, zweiten und

Abb. 10. Vorderansicht eines Fünfröhren-Neutrodyneempfängers.

dritten Röhre zugehören, ferner ein gemeinsamer Heizwiderstand für die beiden ersten und die beiden letzten Röhren des Neutrodyneempfängers, ein Heizwiderstand für die Detektorröhre. Gucklöcher gestatten die richtige Heizung der Detektorröhre und die Heizung der beiden Niederfrequenzverstärkerröhren zu kontrollieren, letztere, um sofort zu ersehen, ob der Schließkontakt der Lautsprecheranschlußklinke richtig funktioniert. Zur äußersten Linken sind die Antennenanschlußklemmen angeordnet, anschließend die Heizakkumulator-Anschlußklemmen, weiters die Anschlußklemmen für die Anodenfeldspannungen der Verstärker- und Detektorröhren. Die Detektorröhre arbeitet mit niedrigerer Anodenspannung. Schließlich ist noch die Kopfhöreranschlußklinke, der Heizstromkreiseinschalter und die Lautsprecheranschlußklinke zu ersehen.

Ist der Zusammenbau des Empfängers dermaßen durchgeführt, so hat die Abgleichung desselben stattzufinden.

V. Abgleichung des Neutrodyneempfängers.

Bevor der Neutrodyneempfänger in Gebrauch genommen werden kann, muß er abgeglichen werden, daß heißt, es müssen jene Elemente, welche von den Bestimmungsstücken der verwendeten Röhren, wie Vakuum der Röhren, innere Röhrenkapazität usw., abhängig sind, entsprechend dimensioniert werden. Soweit es sich um richtige Wahl der Gittervorspannung des Gitterkondensators, des Gitterableitungswiderstandes usw., handelt, entspricht die Laboratoriumsarbeit, der für jeden anderen Empfänger zur endgiltigen Fertigstellung ebenfalls notwendigen Abgleichung. Als neu kommt in unserem Fall nur die richtige Einstellung der neutralisierenden Kondensatoren hinzu.

Hierfür wurde eine Methode erprobt, zu welcher eine möglichst starke Erregung notwendig ist, daß heißt, für den Abgleichungsvorgang muß ein möglichst starkes Signal, auf das abgestimmt wird, zur Verfügung stehen. Am besten

Abb. 11. Schaltungsschema zur Justierung des Neutrodyneempfängers.

stellt man sich selbst einen lokalen Sender her, den man dann entsprechend stark koppeln kann.

Abb. 11 stellt einen derartigen lokalen Sender dar, der im wesentlichen aus einem Schwingungskreise, welcher mittels einer Batterie und einem elektromagnetischen Unterbrecher stoßerregt wird, besteht. Mit anderen Worten, wir haben einen der gebräuchlichen, als Oszillator funktionierenden Wellenmesser vor uns. Dieser wird einpolig an die Antennenklemme geschaltet, die andere Klemme des Empfängers wird, wie bei Fernempfang, geerdet. Sodann wird der variable Kondensator des Wellenmesser so eingestellt, daß eine Welle ausgestrahlt wird, welche in dem Wellenbereich, den der Neutrodyneempfänger umfassen soll, enthalten ist.

Nunmehr werden alle drei Röhren des Empfängers geheizt und seine drei Drehplattenkondensatoren reguliert, bis am lautesten gehört wird. Es sei gleich vorausgeschickt, daß alle drei Kondensator-Zifferblätter fast gleiche Einstellungen aufweisen werden. Nimmt man nun die erste Röhre aus ihrem Sockel heraus, so genügt eine Nachregulierung der Drehplattenkondensatoren, um den Summerton wieder sehr laut zu hören.

Geht man aber einen Schritt weiter und steckt die erste Röhre wieder in ihren Sockel, nachdem man eine Glühfadenzuführung isoliert hat, so daß sie keinen Kontakt mit der zugehörigen Sockelbuchse machen kann, so wird man bei ungeheizter erster Röhre das Summersignal nur mehr schwach hören.

Nun kommt der letzte Schritt. Es muß der neutralisierende Kondensator so eingestellt werden, daß der Summerton überhaupt oder fast ganz verschwindet.

Dieselben Manipulationen sind mit der zweiten Röhre durchzuführen. Die physikalische Erklärung des Vorganges ergibt sich sofort aus der Überlegung, daß wie bei der Rückkopplung den Anodenspannungsschwankungen so auch den Summerimpulsen zwei Wege geboten werden, nach deren Zurücklegung einander entgegenwirkende Summerimpulse das Telephon treffen.

Statt des lokalen Senders kann natürlich auch eine Broadcastingstation benützt werden, soferne sie nur genügend starke Impulse liefert, die noch bei ungeheizter Röhre und schlecht abgeglichenem Neutrodon durchgehört werden müßten.

VI. Der Empfang mittels des Neutrodyneempfängers.

Im vorhergehenden Kapitel wurde bereits konstatiert, daß man bei der Einstellung auf eine bestimmte Welle auf allen drei variablen Kondensatoren ziemlich gleiche Skalenstellungen bekommt. Jedenfalls ist also die Gefahr ausgeschaltet, daß man bei der Abstimmung auf eine Fernstation hilflos vor drei Handgriffen steht und mühsam sukzessive jeden Kondensator für je zwei verschiedene Einstellwerte der übrigen beiden Kondensatoren variieren muß. Man wird von vornherein allen drei Neutroformern gleiche Einstellung geben und nur fein nachregulieren müssen.

Im Übrigen wird man die Apparatur ein für allemal eichen und sich eine Tabelle anlegen, auf deren Abszissenachse die Kondensatorgrade der Neutroformer, auf deren Ordinatenachse die Wellenlängen eingetragen werden, man also die Abstimmung auf eine erwartete Sendung von vornherein vorbereiten kann.

Hat man seine Apparatur nicht geeicht, so ist folgender Abstimmungsvorgang am günstigsten: Man variiert den ersten Ab-

Für den Neutrodyneempfänger verwendbare Antennenformen. 17

stimmkondensator von 15 zu 15 Grad und zu jedem dieser Einstellwerte die Kondensatoren 2 und 3 bis 180 Grad, doch sollen deren Einstellungen nicht mehr als um 2 oder 3 Grade differieren. Hat man eine Station gefunden, so reguliert man zunächst den dritten Kondensator auf lautesten Empfang, dann den Kondensator Nr. 2 und endlich den Kondensator Nr. 1.

Falls in die letzte Röhre eine Rückkopplung eingeführt ist, stellt man während der Abstimmung dieselbe am besten zunächst auf ihren niedrigsten Wert ein und setzt sie erst nach durchgeführter Abstimmung in Funktion.

VII. Für den Neutrodyneempfänger verwendbare Antennenformen.

Die Schaltung des Neutrodyneempfängers zeigt, daß er sowohl für den Empfang mittels Hoch- als auch für den Empfang mittels Rahmenantenne geeignet ist. Doch ist genau wie bei anderen Empfängertypen nicht jede Antennenform gleich günstig.

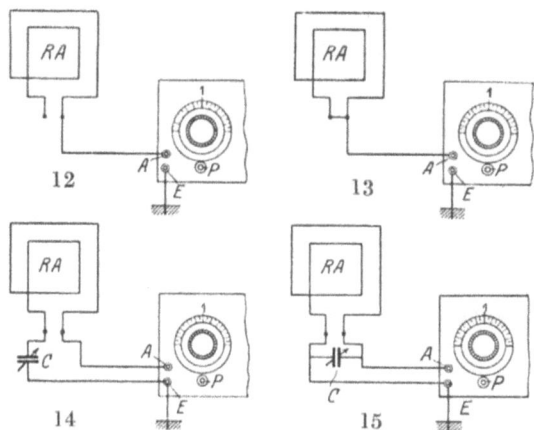

Abb. 12 bis 15. Anschaltarten der Rahmenantenne.

Soweit es räumliche Verhältnisse zulassen, ist eine Hochantenne und zwar eine Außenantenne von ungefähr 20—50 m Länge bei weitem vorzuziehen. An zweiter Stelle rangiert die Zimmerantenne, der die verschiedenen Anschaltmöglichkeiten der Rahmenantenne folgen.

Horsky, Neutrodyneempfänger. 2

18 Adaptierung des Neutrodyneempfängers für europäische usw.

Die Abbildungen 12 bis 15 zeigen vier verschiedene Schaltarten; bei allen aber leidet sowohl die effektive Empfangsreichweite als auch die Abstimmschärfe des Empfängers mehr oder weniger. Die Schaltungen nach Abb. 12 und Abb. 15 werden noch die besten Resultate ergeben.

VIII. Adaptierung des Neutrodyneempfängers für europäische Empfangsverhältnisse.

Der in vorliegender Broschüre behandelte Neutrodyneempfänger umfaßt einen verhältnismäßig kleinen Wellenbereich, soweit er eben mittels eines Drehplattenkondensators von rd. 300 cm bestrichen werden kann. Für amerikanische und englische Verhältnisse genügt der hierbei erzielte Wellenbereich weitaus, da in den dortigen Ländern nur Wellen bis 485 m dem Amateurradiobetrieb freigegeben sind.

Auch bei uns gehen die Rundspruchsender größtenteils nicht über 800 m hinaus, doch sind immerhin auch Stationen, und zwar gerade die größten mit Wellenlängen bis 4 000 m ausgestattet. Sollen auch diese Stationen, Chelmsfort, Paris, Königswusterhausen, Prag erfaßt werden, muß der Neutrodyneempfänger für den entsprechend großen Wellenbereich umgebaut werden.

Die zunächst liegende Lösung könnte darin bestehen, daß man auswechselbare Neutroformer-Spulensätze vorsieht, welche Steckspulen wahlweise in zugehörige Steckbuchsen des Apparates eingesetzt werden müßten. Eine gefällige konstruktive Lösung zu finden, bedeutet wohl kein unüberbrückbares Problem, so daß diese Komplikation kein Hindernis für die Verbreitung des Neutrodyneempfängers sein wird.

Nachtrag.
Praktische Ausführungen von Neutrodyneempfängern.

Die Abb. 2 des I. Teiles gibt die theoretische Schaltung eines Fünfröhren-Neutrodyneempfängers, wo die Gitter der Röhren durch ganz geringe Kapazitäten miteinander verbunden sind, um die innere Kapazität der Röhren auszugleichen. Die Ansicht des

Abb. 16. Der Fünfröhren-Neutrodyneempfänger mit eingebautem Lautsprecher.

zusammengebauten Empfängers gibt Abb. 16, wo der Lautsprecher auch im Apparat mit eingebaut ist. Der Knopf, der rechts neben dem dritten Kondensatorgriff sichtbar ist, dient zum Aus- bzw. Einschalten der Heizbatterie. Die Innenansicht zeigt Abb. 17. Abb. 18 zeigt das genaue Schaltungsschema dieses Empfängers.

Abb. 17. Innenansicht des Fünfröhren-Neutrodyneempfängers.

2*

20   Praktische Ausführungen von Neutrodeynempfängern.

Der Antennenkreis besteht aus einer Spule, und somit ist der Antennenkreis aperiodisch. Der negative Batteriepol ist geerdet.

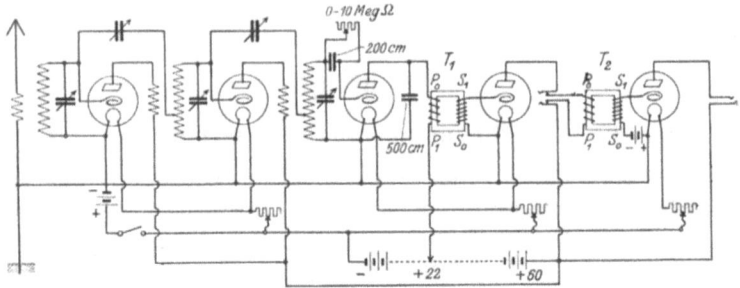

Abb. 18. Theoretisches Schaltschema des Neutrodyneempfängers.

Als Vorderplatte wird eine Hartgummiplatte (17,5 × 60 × 0,8 cm) benötigt, auf welche die Einzelteile zum Teil montiert werden. Zu dieser Platte wird rechtwinklig eine Holzplatte angeschraubt, die

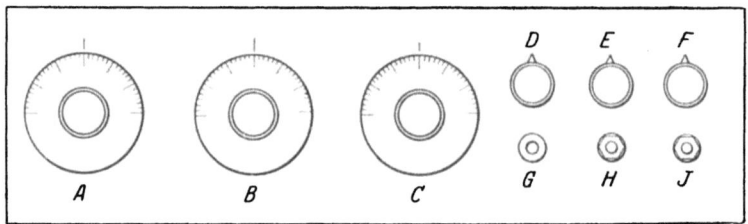

Abb. 19. Vorderplatte des Neutrodyneempfängers.

noch eine Hartgummileiste trägt für die Anschlußklemmen. In Abb. 19 ist A Antennendrehkondensator, B und C Neutroformer (laut Abb. 8), D, E und F Heizdrehwiderstände, G Ein- und Aus-

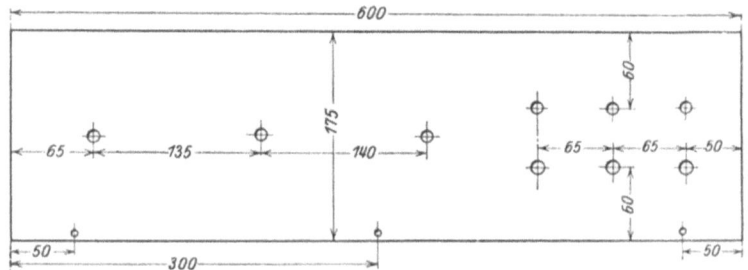

Abb. 20. Bohrlehre zu dem Neutrodyneempfänger.

Praktische Ausführungen von Neutrodyneempfängern. 21

schalter, *H* und *J* Kopfhörer- bzw. Lautsprecher-Anschlüsse. Die Bohrlehre ist aus der Abb. 20 zu entnehmen. Abb. 21 zeigt, wie die einzelnen Schaltelemente angeordnet werden. Da die Kon-

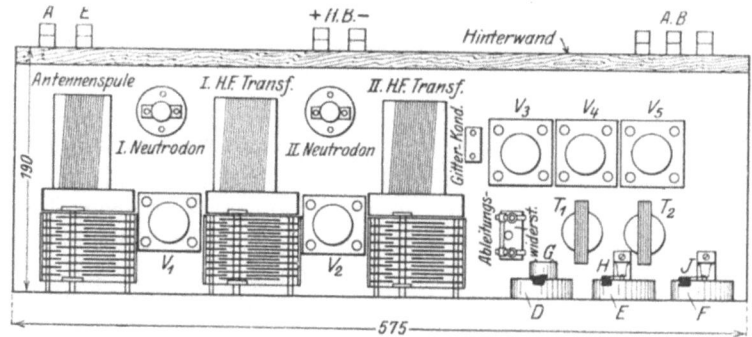

Abb. 21. Anordnung der Schaltelemente.

densatoren und Heizwiderstände nicht normalisiert sind, kann man auch keine genauen Maße zum Bohren der Platte angeben.

Die Neutroformers, die zur Kopplung zwischen den einzelnen Röhren dienen, haben meistens ein Übersetzungsverhältnis von 1 : 4. Es ist zweckmäßig, die Primär- und Sekundärwindungen des Hochfrequenztransformators durch Luftzwischenraum zu trennen, um die bei Verwendung eines Dielektrikums auftretenden Verluste womöglich zu vermeiden. Man benötigt je drei Primär- und Sekundärwicklungen. Primärseits haben die Transformatoren je 15 Windungen 0,5 mm doppelt mit Baumwolle umsponnenen Drahtes, die auf einem Papprohr gewickelt

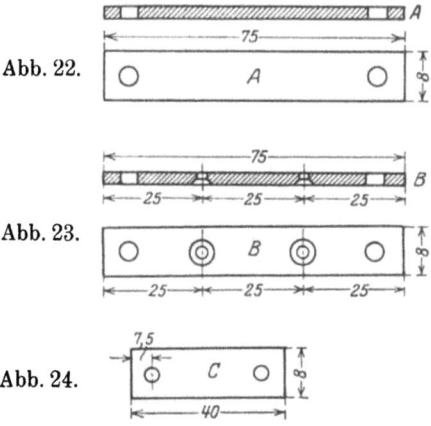

Abb. 22.

Abb. 23.

Abb. 24.

Abb. 22—24. Halterteile für Hochfrequenztransformator.

sein können. Die fertig gewickelten Spulen werden mit Kollodium getränkt und nach erfolgtem Trocknen vom Papprohr heruntergezogen. Das Kollodium dient zum

22 Praktische Ausführungen von Neutrodyneempfängern.

Versteifen der Windungen. Man muß jedoch bei dieser Manipulation vorsichtig sein, um nicht eine allzu dicke Schicht entstehen zu lassen. Obwohl Kollodium ein guter Isolator ist, könnte es sich eventuell nachteilig bemerkbar machen, indem es die Spulenkapazität vergrößert. Der Papprohr-Durchmesser beträgt 71 mm. Die Windungen müssen dicht nebeneinander gewickelt werden. Sekundärseits haben die Transformatoren 60 Windungen obigen Drahtes. Die Sekundärwindungen können genau so wie die Primärwindungen um ein Papprohr gewickelt werden. Sein Durchmesser ist 75 mm. Die fertige Wicklung wird ebenfalls mit Kollodium getränkt und nach Trocknen vom Rohr heruntergezogen. Die Sekundärwicklung muß an der 15. Windung angezapft sein. Wenn schon alle 6 (3 Primär- und 3 Sekundär-) Spulen angefertigt sind, müssen sie zusammenmontiert werden. Die hierzu erforderlichen Teile sind mit Größenangaben in Abb. 22—24 wiedergegeben.

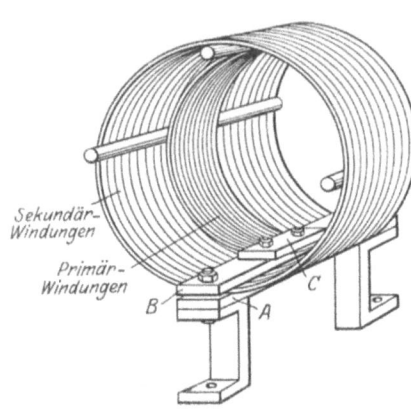

Abb. 25. Ansicht des Hochfrequenztransformators.

Diese Streifen können aus Pertinax hergestellt werden. Die Dicke des Streifens B ergibt sich aus der Differenz zwischen den zwei Rohrdurchmessern dividiert durch 2, abzüglich 0,65 mm als äußerer Drahtdurchmesser. In dem angegebenen Beispiel also 1,3 mm. Die Spulenlänge der Primärwindungen beträgt 10,5 mm (äußerer Durchmesser des doppelt mit Baumwolle umsponnenen Drahtes ist 0,65 mm; rund genommen 0,7 mm) und der Sekundärwindungen 42 mm. Bei der Zusammenstellung befestigt man zuerst die Primärwindungen auf den Streifen B und C. Die beiden Enden der Wicklung befestigt man in der Weise zu der Spule, indem um die Windungen Isolierband geschlagen wird. Die Sekundärwindungen werden durch die Streifen A und B festgehalten. Die beiden Enden der Sekuntärwindungen werden zu den Schrauben D und E geführt. An diesen Schrauben sind die Metallstreifen

Praktische Ausführungen von Neutrodyneempfängern. 23

F und G befestigt. Diese Streifen dienen zum Verbinden der Sekundärwindungen mit dem Drehkondensator. Eine Ansicht des fertigen Hochfrequenztransformators gibt Abb. 25. Ein Schnitt durch ihn ist in Abb. 26 wiedergegeben. Dortselbst ist auch die zusammengesetzte Anordnung der Spulenbefestigung ersichtlich.

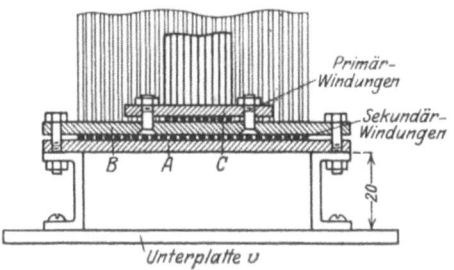

Abb. 26. Schnitt durch den Hochfrequenztransformator.

Das Neutrodon, das zum Ausgleich der inneren Röhrenkapazität dient und ungefähr auf denselben Wert eingestellt werden muß, besteht aus zwei kleinen Metallplatten, die mittels Schraubengewinde zueinander genähert oder voneinander entfernt werden können. Eine Ansicht gibt Abb. 27. Auf eine aus Isoliermaterial hergestellte Unterplatte a ist die Metallbrücke c (Abb. 32) durch die Schrauben g angeschraubt. Zwischen die Brücke und Grundplatte sind die Ringe f gelegt, damit man eine Entfernung zwischen Brücke und Unterplatte besorgt. Der Metallstreifen b bildet den einen Beleg und die Schraube d, deren Kopf flachgefeilt ist, den anderen Beleg des Kondensators.

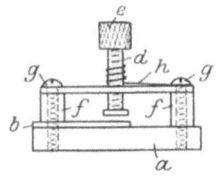

Abb. 27. Neutrodon.

Die Drahtfeder h dient zur Herstellung eines guten Kontaktes zwischen Brücke und Schraube. Die Kapazität des Kondensators

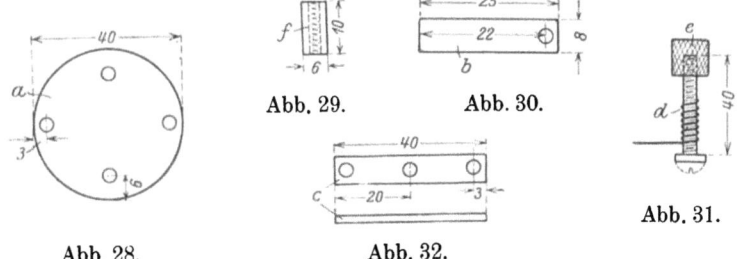

Abb. 28.   Abb. 29.   Abb. 30.   Abb. 32.   Abb. 31.

Abb. 28—32. Einzelteile des Neutrodons.

wird durch Drehen des Knopfes e, der aus Isoliermaterial hergestellt wird, verändert. Die Einzelteile mit Größenangaben geben die Abb. 28 bis 32 wieder. Ein Beleg dieses Kondensators wird mit der fünfzehnten Windung des Hochfrequenztransformators (sekundärseits) verbunden. Die Windungen werden von der Seite aus gerechnet, welche Seite des Transformators mit dem Minuspol der Batterien verbunden ist. Diese Kondensatoren werden nur beim Röhrenwechsel verändert werden, und zu diesem Zwecke wird der obere Deckel des Apparates aufgeklappt. Eine andere Ausführungsart vom Neutrodon ist in Abb. 33 wiedergegeben.

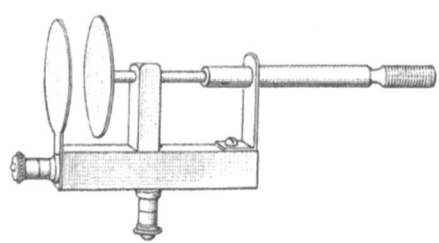

Abb. 33. Eine andere Ausführungsform vom Neutrodon.

Die Drehkondensatoren sollen ungefähr 300—500 cm Kapazität haben. Als Gitterkondensator wählt man zweckmäßig bei Verwendung die 201 B-Röhren (Fabrikation Müller-Hamburg) mit einer Kapazität von 300 cm. Der Gitterableitungswiderstand soll womöglich zwischen den Werten 1—10 Megohm variabel sein. Es ist zu empfehlen, die Anode der dritten Röhre mit dem negativen Heizfaden durch einen Festkondensator, der einen Wert von ca. 500 cm hat, zu verbinden.

Die erforderlichen Materialien für diesen Empfänger sind wie folgt:
1 Hartgummiplatte 17,5 × 60 × 0,8 cm,
1 Kasten mit den Innenmaßen 57,5 × 19 × 17,5 cm,
3 Hochfrequenztransformatoren,
2 Neutrodons,
1 Festkondensator von 200 cm,
1   ,,   ,, 500 ,,
2 Niederfrequenztransformatoren, 1:6 und 1:3,
3 Drehkondensatoren, je 500 cm (womöglich mit Feineinstellung).
4 Röhrensockel,
3 Heizwiderstände,
1 Hochohmiger Widerstand (eventuell variabel 0—10 Megohm),

Der Neutrodyne-Reflexempfänger. 25

1 Ein- und Ausschalter,
2 Einlochsteckkontakte für Telephon bzw. Lautsprecheranschluß,
eine Anzahl von Schrauben, Anschlußklemmen, einige Meter Verbindungsdraht und Isolierschlauch (am besten Paragummischlauch).

Der Neutrodyne-Reflexempfänger.

Die Ansicht des Apparates gibt Abb. 34. Ein theoretisches Schaltungsschema hierzu ist in Abb. 3 angegeben, die praktische Ausführung derselben weicht jedoch etwas von derselben ab. Der

Abb. 34. Ansicht des Neutrodyne-Reflexempfängers.

Hochfrequenztransformator hat 28 Windungen primärseits auf einem Rohr von 75 mm Außendurchmesser derart gewickelt, daß die Wicklungslänge (Spulenlänge) den Sekundärwindungen gleich ist. Bei der Wicklung könnte man eventuell den Draht dreifach

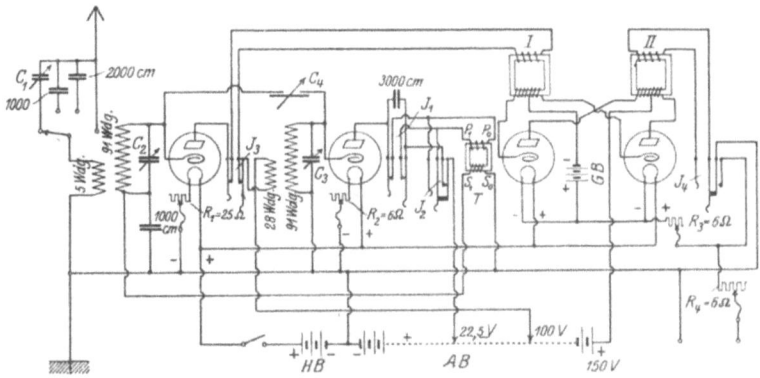

Abb. 35. Theoretische Schaltung des Neutrodyne-Reflexempfängers.

nehmen und die zwei überflüssigen Drähte nach der Fertigstellung der Wicklung wieder abwickeln. Sekundärseits hat der Transformator 91 Windungen auf einem Rohr mit 87 mm Außendurchmesser und mit 2 mm Wandstärke gewickelt. Der Antennenkreis kann entweder aperiodisch oder abstimmbar geschaltet werden. Die Schwingungen werden mittels eines Lufttranformators (Hochfrequenztransformator) mit dem Gitterkreis der ersten Röhre gekoppelt. Primärseits hat der Transformator 5 und sekundärseits 91 Windungen. Die Rohrdurchmesser stimmen mit dem oben erwähnten Hochfrequenztransformator überein. Die hier verwendete Schaltung ist aus der Abb. 35 ersichtlich. Es muß noch erwähnt werden, daß die mit I und II bezeichneten Transformatoren primär- bzw. sekundärseits genau in der Mitte an-

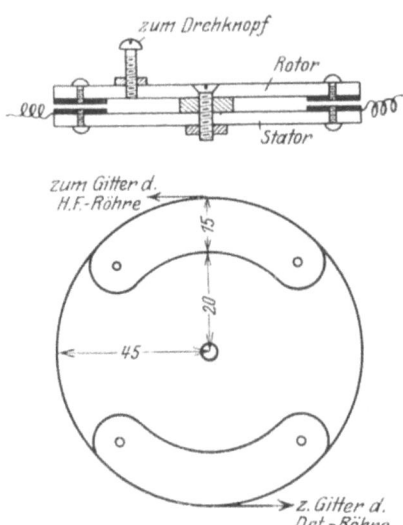

Abb. 36. Neutrodon.

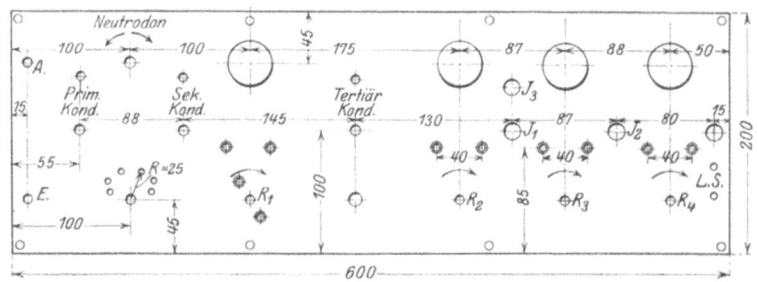

Abb. 37. Bohrlehre des Neutrodyne-Reflexempfängers.

gezapft sein müssen. Übersetzungsverhältnisse sind für den Transformator T 5000 : 30000, für die Transformatoren I und II 14000 : 27000. Der Drehkondensator C_1 hat 1000 cm und die Drehkondensatoren C_2 und C_3 haben 250—500 cm Kapazität.

Der Dreiröhren-Neutrodyneempfänger.   27

Der neutralisierende Kondensator ist in Abb. 36 angegeben. Die beweglichen Belege des Kondensators sind miteinander verbunden. Die festen Belege des Kondensators werden mit dem

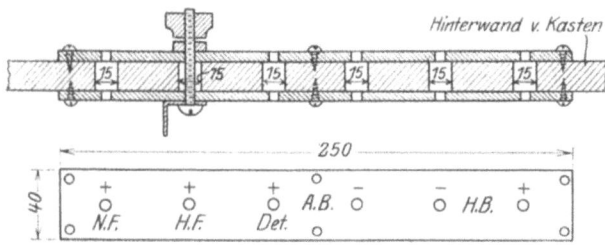

Abb. 38. Batterieanschlußbrett.

Gitter der in Frage kommenden Röhren verbunden. Abb. 37 gibt die notwendigen Bohrungen der Hartgummiplatten an. Antenne, Erde und Telephonanschlüsse werden auf der Vorderplatte des

Abb. 39. Innenansicht des Neutrodyne-Reflexempfängers.

Apparates montiert. Für die Batterieanschlüsse wird die Rückwand des Apparates, wie in der Abb. 38 angegeben, durchbohrt. Die verwendeten Röhren sind die Müllerschen 201 B. Abb. 39 zeigt die Innenansicht des Empfängers.

Der Dreiröhren-Neutrodyneempfänger.

Um den Empfang störungsfreier gestalten zu können, koppelt man den Antennenkreis mit dem Gitterkreis nur sehr lose. Es ist aber auch zweckmäßig, den Drehkondensator im Antennenkreis

28   Der Dreiröhren-Neutrodyneempfänger.

mit der Spule in Serie oder parallel schalten zu können. Bei der Konstruktion dieses Empfängers ist eine besondere Art der

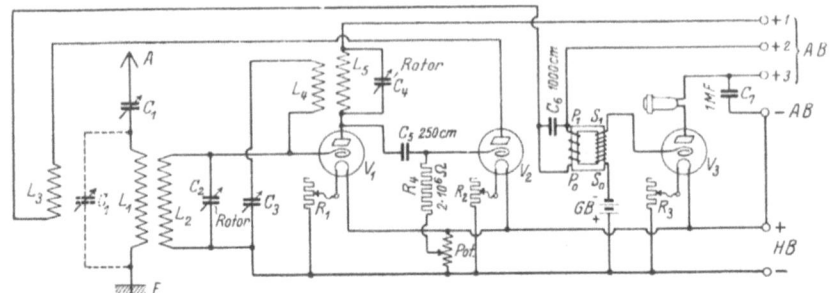

Abb. 40. Schaltungsschema des Dreiröhren-Neutrodyneempfängers.

Schwingungsunterdrückung gewählt worden. Das Schaltungsschema hierzu ist in Abb. 40 wiedergegeben. Der Apparat besteht aus zwei Teilen, die in einen gemeinsamen Kasten zusammenge-

Abb. 41. Gesamtansicht des Apparates.

baut werden können. Eine Gesamtansicht des Apparates gibt Abb. 41. Die zwei Hartgummiplatten sind gleich groß (25×30 cm). Statt Hartgummi kann man anderes Isolationsmaterial oder gut durchparaffiniertes trockenes Holz verwenden. Eine Ansicht mit Maßangaben der ersten Hartgummiplatte ist in Abb. 42 abgebildet. Die Buchsen a, b, c, d, e, f gestatten verschiedene Schal-

Der Dreiröhren-Neutrodyneempfänger. 29

tungsmöglichkeiten zwischen Antennen und Antennendrehkondensator und auch eine Umschaltung von Antennen auf Gitterkreis. Ein Schaltungsschema für die Leitungsführung ist in Abb. 43 ersichtlich. Eine Photographie derselben gibt Abb. 44. Die Abb. 45 gibt den Umschalter U (Abb. 43) wieder.

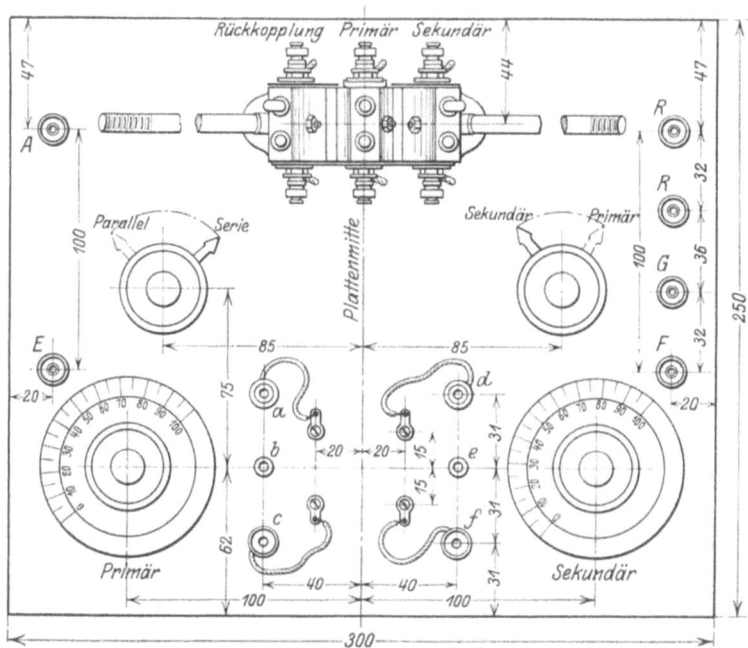

Abb. 42. Die erste Montageplatte von oben.

Es ist bekannt, daß, wenn Gitter- und Anodenkreis einer Röhre in Resonanz sind, eine starke Rückkopplungserscheinung (Schwingungserzeugung) eintreten kann. Zum Unterdrücken dieser Schwingungen koppelt man eine Selbstinduktionsspule L_4 mit dem Anodenkreis und verbindet das eine Ende mit dem Gitter der Röhre und das andere mit dem einen Beleg des neutralisierenden Kondensators. Der andere Beleg wird mit dem negativen Heizbatteriepol verbunden. Der Anodenstromkreis, bestehend aus L_5 und C_4 (Abb. 40) ist auf die aufzunehmende Wellenlänge abgestimmt. Der Kondensator C_4 soll nicht einen Wert von 300 cm überschreiten. Die Selbstinduktionsspule L_4 soll ungefähr den hal-

30 Der Dreiröhren-Neutrodyneempfänger.

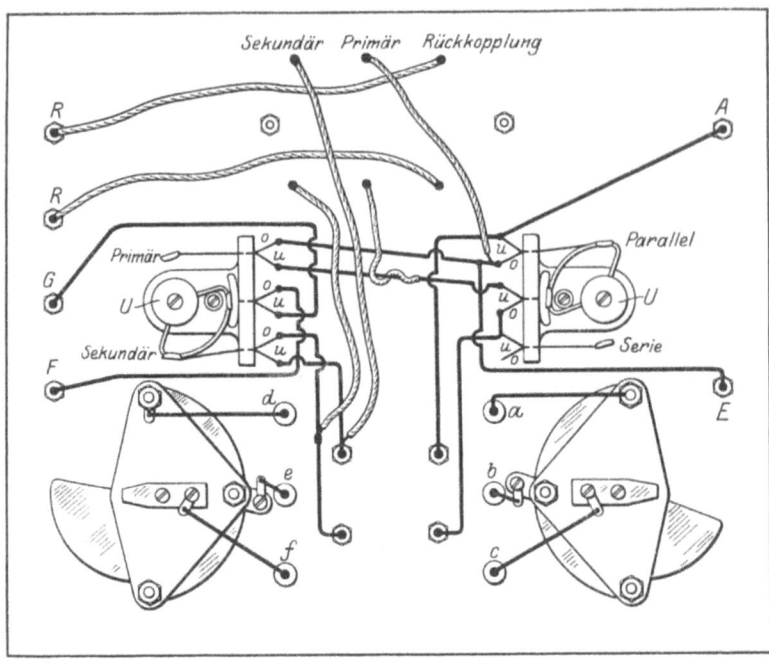

Abb. 43. Die erste Montageplatte von unten mit verlegten Leitungen.

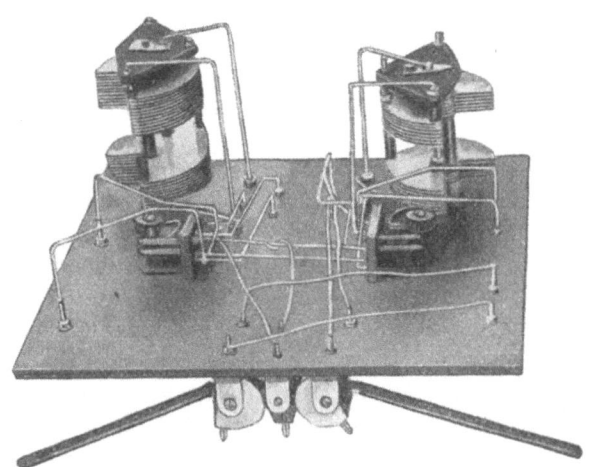

Abb. 44. Die praktisch durchgeführte Leitungsverlegung.

ben Wert der Spule L_5 haben. Beide sind auf einem gemeinsamen Rohre gewickelt. Der Rohrdurchmesser soll 80 mm haben und die Windungszahl für die Rundfunkwellenlänge 50 mm. Die Spule L_4 kann dicht daneben gewickelt sein, sie hat 35—40 Windungen (Drahtstärke 0,5—0,6 mm). Die zweite Platte nebst Bohrungsangaben ist in Abb. 46 wiedergegeben. Der Neutrodyne-Transformator muß auch genau so wie eine Röhre mit Anschlußstiften versehen werden, damit man ihn für verschiedene Wellenlängen leicht auswechseln kann. Die verwendeten Drehkondensatoren sind als Doppelkondensatoren ausgebildet mit einer Maximalkapazität von 500 cm. Die einzelnen Kondensatoren müssen also je 250 cm haben. Diese Doppelkondensatoren sind in Abb. 44 ersichtlich. Für ganz kurze

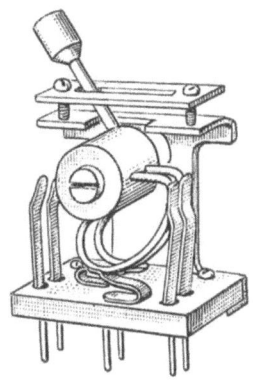

Abb. 45. Der Umschalter.

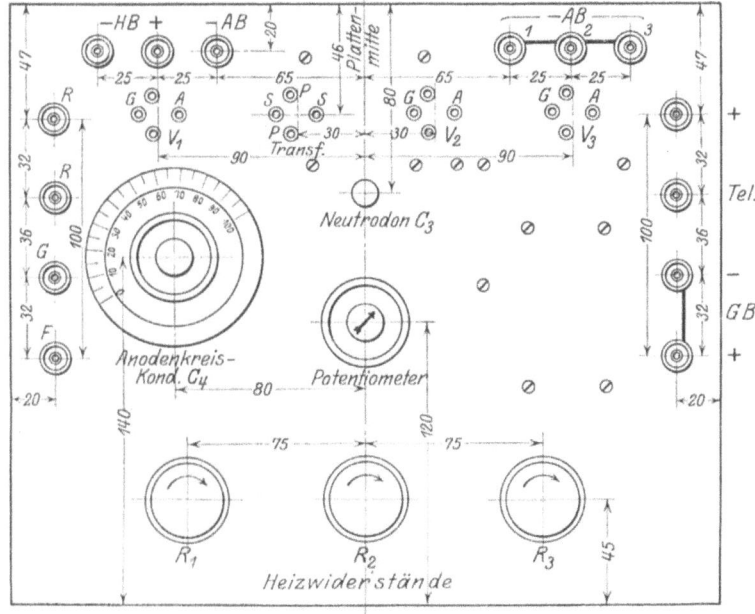

Abb. 46. Die zweite Platte von oben.

32   Der Dreiröhren-Neutrodyneempfänger.

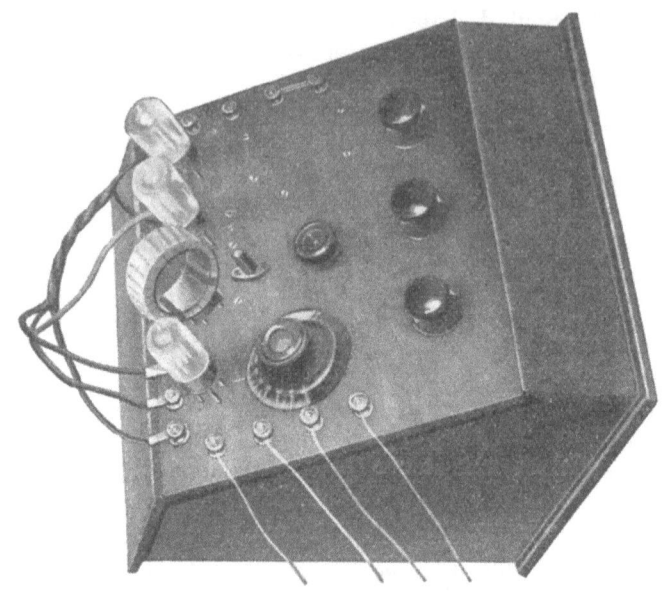

Abb. 47. Der zweite Teil gesondert aufgebaut.

Abb. 48. Der zweite Teil ohne Röhren und Hochfrequenztransformator.

Der Dreiröhren-Neutrodyneempfänger. 33

Wellenlängen, die einen Wert von ca. 100 m haben (z. B. Ameekaempfang) soll man im Antennenkreis solche Kondensatoren verwenden, die je 125 cm unterteilt sind.

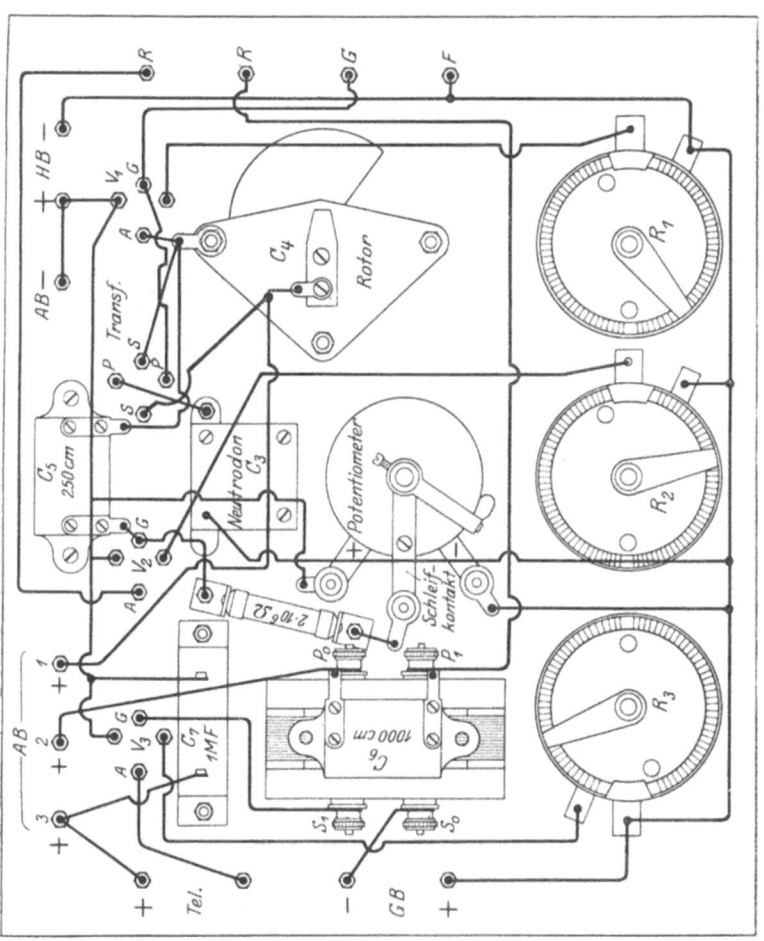

Abb. 49. Montierungsplan der Einzelteile.

Diese zweite Platte ist in einem separaten Kasten montiert mit aufgesetzten Röhren und Transformator in Abb. 47 und ohne Röhren und Transformator in Abb. 48 ersichtlich. In der Mitte derselben ist ein Potentiometer von 1000 Ohm, das die Heizbatterie überbrückt. Wie die Drahtverbindungen praktisch am besten geführt werden können, ist in Abb. 49 und photographisch in Abb. 50 wiedergegeben. Die verwendeten Heizwiderstände sollen ziemlich hochohmig sein, um auch Sparröhren verwenden zu können. Die Anoden der Röhren müssen einzeln mit Strom gespeist werden können. Zu diesem Zwecke sind auf dem oberen Rand der Hartgummiplatte (Abb. 49 u. 46) mit 1, 2, 3 bezeichnete

Abb. 50. Leitungsverlegung.

Kontakte angebracht. Der Gitterableitungswiderstand ist zweckmäßigerweise mit dem drehbaren Teil des Potentiometers zu verbinden, um die Gittervorspannung der zweiten Röhre ziemlich gut verändern zu können. Dadurch wird es ermöglicht, das Gitter entweder mit dem positiven oder mit negativen Batteriepol verbinden zu können. In den meisten Fällen erreicht man die besten Resultate, wenn der Gitterableitungswiderstand mit dem positiven Heizbatteriepol verbunden wird. (Der positive Pol der Heizbatterie ist mit dem negativen Pol der Anodenbatterie verbunden.)

Beim Anschließen des Niederfrequenztransformators muß beachtet werden, daß mit dem Gitter immer S_1- und nicht S_0-

Der Dreiröhren-Neutrodyneempfänger.

Klemme verbunden wird. Die verschiedenartigen Prüfungen und Untersuchungen der Transformatoren haben ergeben, daß die Transformatoren am günstigsten dann gearbeitet haben, wenn sie wie oben angegeben angeschlossen waren. Der Transformator soll ein Übersetzungsverhältnis von 5000 : 20000 haben.

Die zu diesem Empfänger erforderlichen Materialien sind wie folgt:

1. Für den ersten Teil:
1 Hartgummiplatte von der Größe 25 × 30 × 1 cm. Statt Hartgummi kann man auch die oben angegebenen Materialien verwenden.
2 zweipolige doppelte kapazitätsfreie Umschalter.
1 dreifachen Spulenhalter.
1 doppelten Drehkondensator mit 500 cm Kapazität.
1 doppelten Drehkondensator mit 250 cm Kapazität. (Es ist vorteilhaft, diese Kondensatoren mit exzentrischen Drehscheiben zu wählen.)
6 Anschlußklemmen mit Steckbuchsen.
6 Buchsen mit 4 mm Loch.
4 Bananenstecker hierzu.
4 Schrauben mit Lötösen für die Bananenstecker.
1,6 mm quadratischen Kupferdraht für die Drahtverbindungen.
Ca. 60 cm Litzendraht für die beweglichen Verbindungen.

2. Für den zweiten Teil:
1 Hartgummiplatte.
14 Anschlußklemmen mit Steckbuchsen.
4 Röhrensockel (solche mit geringerer Kapazität sind vorzuziehen). Es werden drei Sockel für die Röhren und einer für den Transformator benötigt.
1 Drehkondensator mit 250 cm Kapazität.
1 Neutrodyne-Kondensator.
1 Potentiometer (1000 Ohm Widerstand).
1 Niederfrequenztransformator (Übersetzungsverhältnis 5000 zu 20000).
1 Festkondensator 1000 cm.
1 Festkondensator 300 cm.
1 Gitterableitungswiderstand 2 Megohm (womöglich im Vakuum)
1 Telephonkondensator 1 MF.

1 oder mehrere Hochfrequenztransformatoren (je nach dem gewünschten Wellenbereich).
3 Heizdrehwiderstände 50 Ohm.
1 Kasten, wo die zwei Hartgummiplatten eingebaut werden können.

Der Vierröhren-Neutrodyneempfänger.

Die Gesamtansicht des Empfängers ist aus Abb. 51 ersichtlich. Die ersten zwei Röhren arbeiten als Hochfrequenzverstärker, die dritte Röhre als Audion und die vierte als Niederfrequenzver-

Abb. 51. Gesamtansicht des Vierröhren-Neutrodyneempfängers.

stärker. Als erste und zweite Röhre kann man RE 79 verwenden, die eine Heizspannung von ca. 2,2 Volt erfordern und eine Stromstärke von 60 MA haben. Als dritte und vierte Röhre können RE 84 oder RE 95 oder LA 75 (von Loewe, Audion) verwendet werden. Als letzte (Verstärker-) Röhre kann man auch 201 B (von der Firma Müller, Hamburg) verwenden. Der Apparat ist so zusammengebaut, daß vom Anodenkreis der Detektorröhre zum Gitterkreis der ersten Röhre rückgekoppelt werden kann. Das Schaltungsschema des Apparates gibt Abb. 52 wieder. Die Selbstinduktionsspule L_1 hat 50—75 Windungen und der Drehkonden-

Der Vierröhren-Neutrodyneempfänger. 37

sator C_1 500 cm Kapazität. Den Antennenkreis muß man nicht induktiv und lose mit dem Gitterkreis koppeln, da im Anodenkreis der Hochfrequenzverstärkerröhren Sperrkreise eingeschaltet sind, die die Selektivität des Apparates erhöhen.

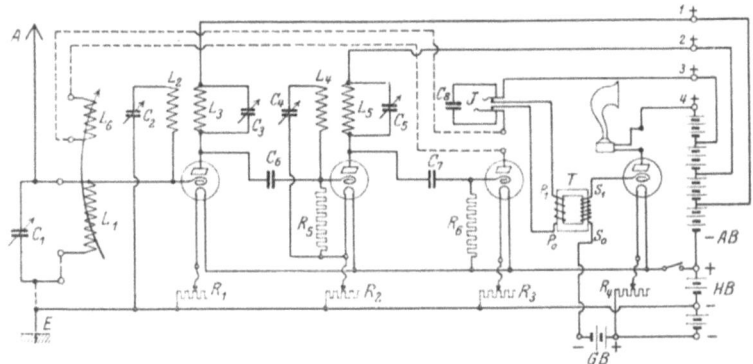

Abb. 52. Schaltschema des Vierröhren-Neutrodyneempfängers.

Die Art, wie die Schwingungserzeugung unterdrückt wird, ist durch Herrn A. D. Cowper entwickelt worden. Hierbei sind das Gitter und die Anode der Röhre miteinander induktiv gekoppelt,

Abb. 53. Ansicht ohne Röhren, Spulen und H. F.-Transformatoren.

38   Der Vierröhren-Neutrodyneempfänger.

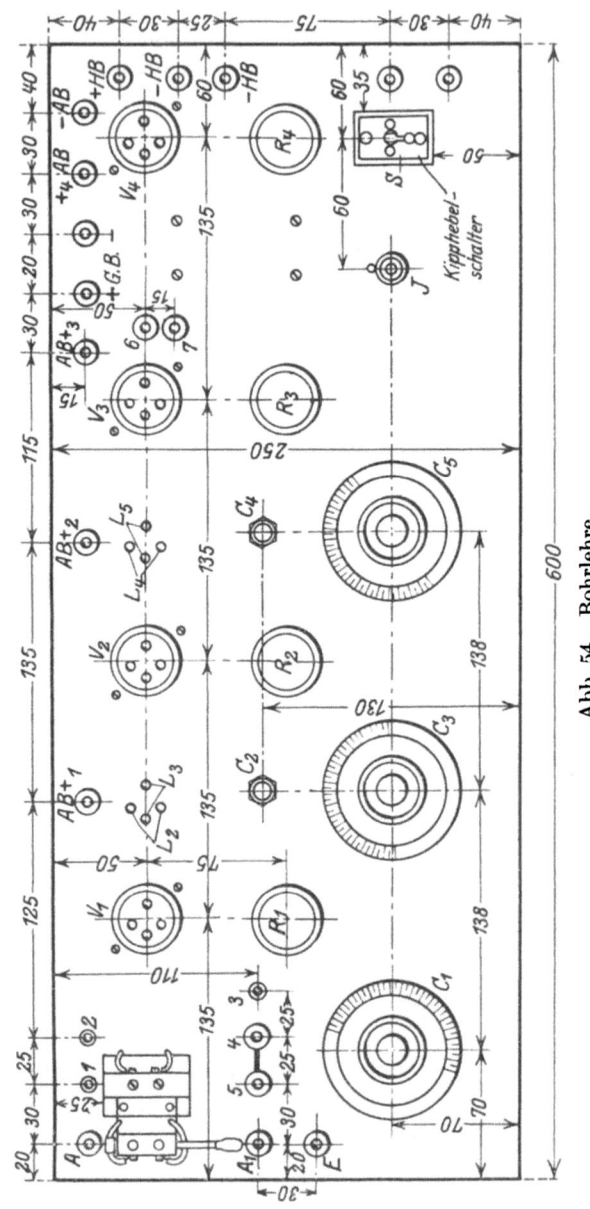

Abb. 54. Bohrlehre.

Der Vierröhren-Neutrodyneempfänger.

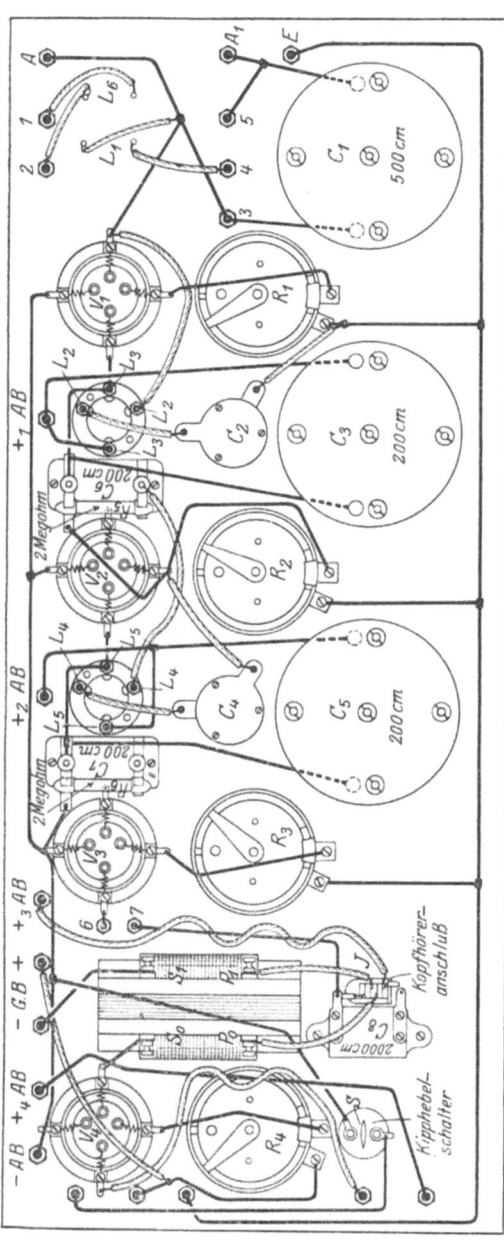

Abb. 55. Montierungsplan.

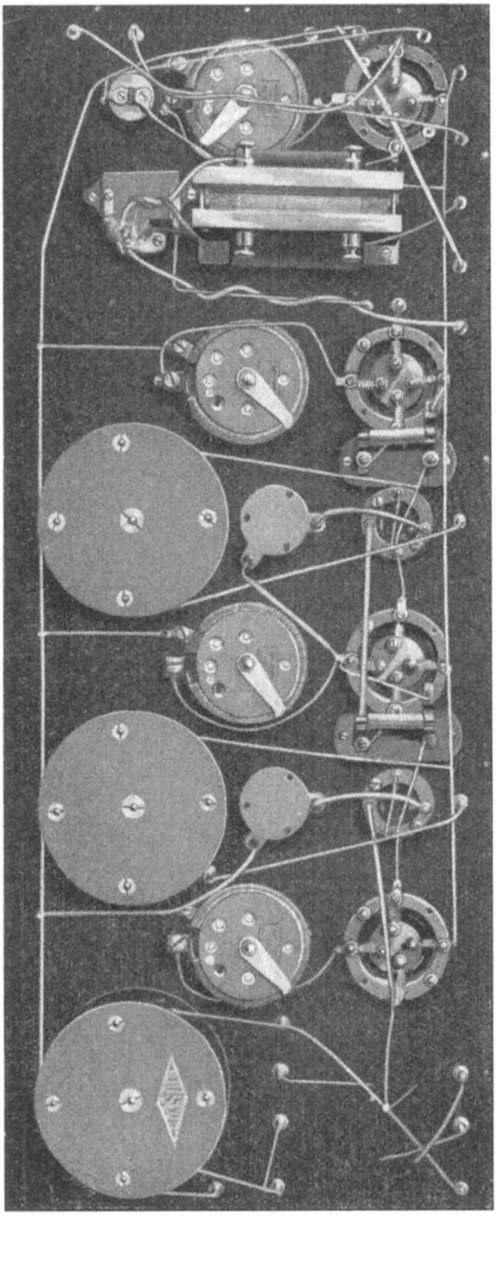

40   Der Vierröhren-Neutrodyneempfänger.

Abb. 56. Leitungsverlegung.

Der Vierröhren-Neutrodyneempfänger. 41

die Selbstinduktionsspule im Anodenkreis bildet die primäre Wicklung und die mit dem Gitter und Neutrodyne-Kondensator verbundene Selbstinduktionsspule die Sekundärwicklung des Hochfrequenztransformators.

Der Antennenkreis ist derart ausgeführt, daß man entweder die Antenne mit dem Gitterkreis direkt verbinden kann, wobei der Drehkondensator C_1 mit der Selbstinduktionsspule L_1 parallel oder in Serie wahlweise geschaltet werden kann. Die zweite

Abb. 57. Der Teil in der Nähe des Transformators.

Möglichkeit ist die, daß der Antennenkreis mit dem Gitterkreis induktiv gekoppelt wird. Bei Verwendung einer Rahmenantenne wird der Rahmen mit den Klemmen 4 und 5 verbunden und der Drehkondensator mit den Klemmen 3, 5 und E. Der Festkondensator C_8 gibt den Hochfrequenzströmen freien Weg, indem er entweder die Primärwindungen des Niederfrequenztransformators oder den angeschlossenen Kopfhörer überbrückt. Die Festkondensatoren C_6 und C_7 dienen zur Kopplung der Anode mit dem Gitter der folgenden Röhre. Die Hochfrequenztransformatoren sind mit Stecker versehen, die in jeden Röhrensockel hineinpassen.

42 Der Vierröhren-Neutrodyneempfänger.

Diese Hochfrequenztransformatoren sind immer den zu empfangenden Wellenlängen anzupassen. Dieses Anpassungsvermögen bedingt auch ihre Auswechselbarkeit. Die Gitterableitungswiderstände R_5 und R_6 haben den Wert von 1,5 Megohm und die Gitterkondensatoren 150 cm. Der allgemein übliche 300 cm-Festkondensator und 2 Megohm Gitterableitungswiderstand kann hier auch verwendet werden.

Abb. 53 gibt eine Ansicht des Empfängers, wo die Röhren, Selbstinduktionsspulen und die Hochfrequenztransformatoren entfernt sind. Die Hartgummiplatte hat 25 × 60 × 1 cm Dimensionen. Bohrungsangaben sind aus der Abb. 54 ersichtlich. Die Schaltung in praktischer Ausführung ist in Abb. 55 und photographisch in Abb. 56 abgebildet. Der Teil, wo der N.F.-Transformator montiert ist, ist in Abb. 57 wiedergegeben. Die erforderlichen Einzelteile sind wie folgt:

1 Hartgummiplatte 25 × 60 × 1 cm.
1 Holzkasten 25 × 60 × 14 cm mit ungefähr 10—12 mm Wandstärke.
1 doppelter Spulenhalter (evtl. mit Feineinstellung).
1 Drehkondensator 500 cm Kapazität.
2 Drehkondensatoren mit 200 cm Kapazität. (Diese drei Drehkondensatoren sollen womöglich mit exzentrischer Drehscheibe verwendet werden.)
4 Heizdreh-Widerstände mit 50 Ohm.
2 Neutrodyne-Kondensatoren.
6 Röhrensockel.
1 Niederfrequenztransformator für Kraftverstärkung.
2 Festkondensatoren mit 200—300 cm Kapazität.
2 Gitterableitungswiderstände mit $1^1/_2$—2 Megohm.
1 Festkondensator mit 2000 cm.
1 Schalter zum Ein- und Ausschalten der Röhrenheizung.
18 Anschlußklemmen mit Steckbuchsen.
1 Steckerschalter für zwei Stromkreise.
5 Steckbuchsen.
6 Bananenstecker.

Die verwendeten Röhrensockel sollen womöglich ganz minimale Kapazität haben, da sonst die Ausgleichwirkung durch den Neutrodyne-Kondensator nicht mehr so erfolgreich sein wird.

Die Drahtverbindungen sollen mit $1^1/_2$ mm Kupferdraht ausgeführt werden. Es ist zu empfehlen, die Drähte womöglich nach den Abbildungen zu führen, da sonst unerwünschte Kapazitäts- und Induktionserscheinungen eintreten können. Um jeden Wackelkontakt vermeiden zu können, ist es empfehlenswert, sämtliche Drahtverbindungen, sogar auch diejenigen, die zu einer Schraube führen, anzulöten.

Um mit einer Röhre als Verstärkerröhre arbeiten zu können, ist es unbedingt erforderlich, daß das Gitterpotential der Röhre auf den steilen Teil der Röhrencharakteristik fallen soll. Um dieses erreichen zu können, sind zwischen Gitter und Heizfaden Gittervorspannungsbatterien zu schalten, die dem Gitter das notwendige Potential erteilen. Dieses kann man auch bei unverändertem Gitterpotential dadurch erreichen, daß die Anodenspannung erhöht wird, wodurch die Röhrencharakteristik links nach der negativen Seite zu verschoben wird; derartige Veränderungen vereinfachen manchmal den Apparat, indem keine separate Gitterbatterie benötigt wird. Deshalb ist es erforderlich, wenn keine Gitterbatterien mit oder ohne Potentiometer angeschlossen sind, daß die Anodenkreise der einzelnen Röhren separat mit Anodenstrom gespeist werden können.

Literatur.

Kimball Houton Stark: How to Build Hazeltine's Neutrodyne Circuit Radio Receiver.
Allan T. Hanscom: A Practical Neutrodyne Receiver.
Modern Wireless 1924 u. 1925 John Scott Taggart: High Frequency Amplification.

Rundfunk
Geräte

nach Telefunken-Patenten

**Empfangs-Apparate
Hoch- und Niederfrequenzverstärker
Anodenbatterien
Antennen-Anlagen
Kopf-Fernhörer
Lautsprecher**

Bedeutend herabgesetzte Preise

Druckschrift auf Wunsch

SIEMENS & HALSKE A.-G.
WERNERWERK, SIEMENSSTADT B. BERLIN
Technische Büros in allen größeren Städten

ANZEIGEN

Verlag von Julius Springer in Berlin W 9

Bibliothek des Radio-Amateurs. Herausgegeben von Dr. Eugen Nesper.

1. Band: **Meßtechnik für Radio-Amateure.** Von Dr. Eugen Nesper. Dritte Auflage. Mit 48 Textabbildungen. (56 S.) 1925.
0.90 Goldmark

2. Band: **Die physikalischen Grundlagen der Radiotechnik** mit besonderer Berücksichtigung der Empfangseinrichtungen. Von Dr. **Wilhelm Spreen.** Dritte, verbesserte Auflage. Mit 121 Textbildungen. Erscheint im Frühjahr 1925.

3. Band: **Schaltungsbuch für Radio-Amateure.** Von **Karl Treyse.** Neudruck der zweiten vervollständigten Auflage. 19.—23. Tausend. Mit 141 Textabbildungen. (64 S.) 1925. 1.20 Goldmark

4. Band: **Die Röhre und ihre Anwendung.** Von **Hellmuth C. Riepka,** zweiter Vorsitzender des Deutschen Radio-Clubs. Zweite, vermehrte Auflage. Mit 134 Textabbildungen. (111 S.) 1925.
1.80 Goldmark

5. Band: **Der Hochfrequenz-Verstärker beim Rahmenempfang.** Ein Leitfaden für Radiotechniker. Von Ing. **Max Baumgart.** Zweite, umgearbeitete Auflage. Mit etwa 60 Textabbildungen.
Erscheint im Frühjahr 1925.

6. Band: **Stromquellen für den Röhrenempfang** (Batterien und Akkumulatoren). Von Dr. **Wilhelm Spreen.** Mit 61 Textabbildungen. (72 S.) 1924. 1.50 Goldmark

7. Band: **Wie baue ich einen einfachen Detektor-Empfänger?** Von Dr. Eugen Nesper. Mit 30 Abbildungen im Text und auf einer Tafel. Zweite Auflage. (61 S.) Erscheint im Frühjahr 1925.

8. Band: **Nomographische Tafeln für den Gebrauch in der Radiotechnik.** Von Dr. Ludwig Bergmann. Mit 47 Textabbildungen und zwei Tafeln. (79 S.) 1925. 2.10 Goldmark

10. Band: **Wie lernt man morsen!** Von Studienrat **Julius Albrecht.** Mit 7 Textabbildungen. (38 S.) 1924. 1.35 Goldmark

11. Band: **Der Niederfrequenz-Verstärker.** Von Ing. **O. Kappelmayer.** Mit 36 Textabbildungen. Zweite, vermehrte Auflage.
In Vorbereitung.

12. Band: **Formeln und Tabellen aus dem Gebiete der Funktechnik.** Von Dr. **Wilhelm Spreen.** Mit 34 Textabbildungen. (76 S.) 1925.
1.65 Goldmark

Weitere Bände befinden sich in Vorbereitung bzw. unter der Presse.

Für

das Aufladen von Heizbatterien

gibt es nur einen preiswerten und zuverlässigen

Pendel-Gleichrichter

Verlangen Sie sofort Prospekt Sp. B.

Die

vorteilhaftesten Heizbatterien

sind nach Sonderliste Sp. B. solche aus

Nickel-Eisen-Akkumulatoren

Physikalische Werkstätten A.-G.
Göttingen

IV ANZEIGEN

Die oben angekündigte 2. Auflage enthält in 25 Kapiteln eine populär wissenschaftliche Darstellung des heutigen Standes der Radio-Technik und ist ein vorzüglicher Führer durch das gesamte Radiogebiet.

Morsezeichen, Zeitsignale, Formeln und Tabellen. 18 erprobte, zum Teil neue amerikanische, Schaltungen mit genauen Materialzusammenstellungen zum Selbstbau.

Das Warenverzeichnis enthält die neuesten Apparate und alle erforderlichen Einzelteile zum Selbstbau und eine genauest berechnete Preisliste.

Nur Qualitätsware

Hunderte unverlangte Anerkennungen aus allen Teilen Deutschlands und des Auslandes.

F. Ehrenfeld / Frankfurt a. M. 403

Telegramm-Adresse: Radiofeld   Postscheck-Konto: 4628

Verlag von Julius Springer in Berlin W 9

Radio-Technik für Amateure

Anleitungen und Anregungen
für die Selbstherstellung von Radio-Apparaturen, ihren
Einzelteilen und ihren Nebenapparaten

Von

Dr. Ernst Kadisch

Mit 216 Textabbildungen. (216 S.) 1925

Gebunden 5.10 Goldmark

Das vom Radio Amateur für den Radio-Amateur geschriebene Buch enthält im theoretischen Teile eine gemeinverständliche Einführung und bietet **auch demjenigen Laien, dem das Bastlerinteresse ferner liegt, die Möglichkeit, in die einfachsten Grundlagen der drahtlosen Telephonie einzudringen.** Die Selbstherstellung der Einzelteile, von Drehkondensatoren, Heizwiderständen, Spulen, Röhrenfassungen, Detektoren u. a. sowie der Zusatzapparate. z. B. Akkumulatoren, Anodenbatterien, Gleichrichtern, Meßinstrumenten usw. wird im praktischen Teil ausführlich geschildert. Fast immer sind mehrere Konstruktionsmöglichkeiten bildlich und textlich erläutert, auch mischen sich Anleitungen und Anregungen miteinander, so daß auch der **fortgeschrittene Amateur** aus dem Buche seinen Nutzen ziehen kann.

Der Radio-Amateur (Radiotelephonie). Ein Lehr- und Hilfsbuch für die Radio-Amateure aller Länder. Von Dr. **Eugen Nesper.** Sechste, vollständig umgearbeitete und erweiterte Auflage. Mit etwa 900 Textabbildungen. Erscheint im Mai 1925.

Radio-Schnelltelegraphie. Von Dr. **Eugen Nesper.** Mit 108 Abbildungen. (132 S.) 1922. 4.50 Goldmark

Elementares Handbuch über drahtlose Vakuum-Röhren.
Von **John Scott Taggart,** Mitglied des Physikalischen Institutes London. Ins Deutsche übersetzt nach der vierten, durchgesehenen englischen Auflage von Dipl.-Ing. Dr. **Eugen Nesper** und Dr. **Siegmund Loewe.** Mit etwa 140 Abbildungen im Text. Erscheint im Frühjahr 1925.

Radiotelegraphisches Praktikum. Von Dr.-Ing. **H. Rein.** Dritte, umgearbeitete und vermehrte Auflage. Von Prof. Dr. **K. Wirtz,** Darmstadt. Mit 432 Textabbildungen und 7 Tafeln. (577 S.) 1921. Berichtigter Neudruck. 1922. Gebunden 20 Goldmark

Lehrkurs für Radio-Amateure. Von **Hellmuth C. Riepka,** zweiter Vorsitzender des Deutschen Radio-Clubs. (159 S.)
Erscheint Anfang Mai 1925.

ANZEIGEN

Verlag von Julius Springer in Berlin W 9

Kalender der Deutschen Funkfreunde 1925

Bearbeitet im

Auftrage des Deutschen Funk-Kartells

von

Dr.-Ing. **Karl Mühlbrett**   Ziviling. **Friedr. Schmidt**
Technische Staatslehranstalten,   Generalsekretär des Deutschen
Hamburg   Funk-Kartells, Hamburg

Mit einem Geleitwort von

Dr. **H. G. Möller**

Universitäts-Professor in Hamburg
Vorsitzender des Deutschen Funk-Kartells

Erster Jahrgang. (120 S.) Unveränderter Neudruck. 1925.

Gebunden 2 Goldmark

Verlag von Julius Springer und M. Krayn in Berlin W 9

Der Radio-Amateur

Zeitschrift für Freunde der drahtlosen Telephonie und Telegraphie

Organ des Deutschen Radio-Clubs

Unter ständiger Mitarbeit von

Dr. **Walther Burstyn**-Berlin, Dr. **Peter Lertes**-Frankfurt a. M., Dr. **Siegmund Loewe**-Berlin und Dr. **Georg Seibt**-Berlin u. a. m.

Herausgegeben von

Dr. **Eugen Nesper**-Berlin und Dr. **Paul Gehne**-Berlin

Erscheint wöchentlich

Vierteljährlich 5 Goldmark zuzüglich Porto

(Die Auslieferung erfolgt vom Verlag Julius Springer in Berlin W 9)

MIX
Papier aus verantwortungsvollen Quellen
Paper from responsible sources
FSC® C105338

If you have any concerns about our products,
you can contact us on
ProductSafety@springernature.com

In case Publisher is established outside the EU,
the EU authorized representative is:
**Springer Nature Customer Service Center GmbH
Europaplatz 3, 69115 Heidelberg, Germany**

Printed by Libri Plureos GmbH
in Hamburg, Germany